U0244178

国家社科基金项目成果 *经管* 文库

Theoretical and Empirical Research on Institutional Innovation of
Carbon Emission Reduction with Chinese Characteristics

中国特色碳减排制度创新理论与实证研究

程云鹤／著

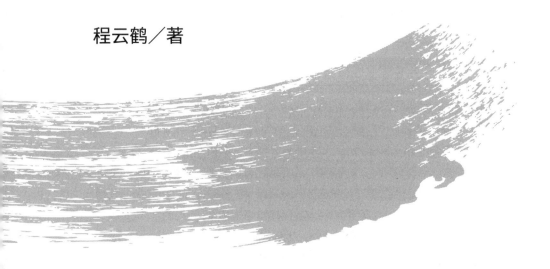

中国财经出版传媒集团
经济科学出版社
Economic Science Press

图书在版编目（CIP）数据

中国特色碳减排制度创新理论与实证研究／程云鹤著.
—北京：经济科学出版社，2022.2
（国家社科基金项目成果经管文库）
ISBN 978 - 7 - 5218 - 3362 - 1

Ⅰ.①中… Ⅱ.①程… Ⅲ.①二氧化碳 - 减量 - 排气 -
研究 - 中国 Ⅳ.①X511

中国版本图书馆 CIP 数据核字（2022）第 009477 号

责任编辑：胡成洁
责任校对：李　建
责任印制：范　艳

中国特色碳减排制度创新理论与实证研究

程云鹤　著

经济科学出版社出版、发行　新华书店经销
社址：北京市海淀区阜成路甲 28 号　邮编：100142
经管中心电话：010 - 88191335　发行部电话：010 - 88191522
网址：www. esp. com. cn
电子邮件：espcxy@ 126. com
天猫网店：经济科学出版社旗舰店
网址：http：//jjkxcbs. tmall. com
北京季蜂印刷有限公司印装
710 × 1000　16 开　10.5 印张　200000 字
2022 年 3 月第 1 版　2022 年 3 月第 1 次印刷
ISBN 978 - 7 - 5218 - 3362 - 1　定价：49.00 元
（图书出现印装问题，本社负责调换。电话：010 - 88191510）
（版权所有　侵权必究　打击盗版　举报热线：010 - 88191661
QQ：2242791300　营销中心电话：010 - 88191537
电子邮箱：dbts@ esp. com. cn）

国家社科基金项目成果经管文库
出版说明

经济科学出版社自 1983 年建社以来一直重视集纳国内外优秀学术成果予以出版。诞生于改革开放发轫时期的经济科学出版社，天然地与改革开放脉搏相通，天然地具有密切关注经济领域前沿成果、倾心展示学界翘楚深刻思想的基因。

2018 年恰逢改革开放 40 周年，40 年中，我国不仅在经济建设领域取得了举世瞩目的成就，而且在经济学、管理学相关研究领域也有了长足发展。国家社会科学基金项目无疑在引领各学科向纵深研究方面起到重要作用。国家社会科学基金项目自 1991 年设立以来，不断征集、遴选优秀的前瞻性课题予以资助，经济科学出版社出版了其中经济学科相关的诸多成果，但这些成果过去仅以单行本出版发行，难见系统。为更加体系化地展示经济、管理学界多年来躬耕的成果，在改革开放 40 周年之际，我们推出"国家社科基金项目成果经管文库"，将组织一批国家社科基金经济类、管理类及其他相关或交叉学科的成果纳入，以期各成果相得益彰，蔚为大观，既有利于学科成果积累传承，又有利于研究者研读查考。

本文库中的图书将陆续与读者见面，欢迎相关领域研究者的成果在此文库中呈现，亦仰赖学界前辈、专家学者大力推荐，并敬请经济学界、管理学界给予我们批评、建议，帮助我们出好这套文库。

经济科学出版社经管编辑中心

2018 年 12 月

序言
Preface

　　减少碳排放、应对气候变化，是中国生态文明建设的内在要求，也是深度参与全球治理、打造人类命运共同体，推动人类共同发展的大国担当。中国碳减排制度是中国特色社会主义制度的重要组成部分，是推进绿色低碳发展转变发展方式的关键一环。如何正确认识中国碳减排制度与碳减排绩效现状、问题、原因及内在机理，探讨提高碳减排绩效与彰显社会主义制度优越性，成为当前中国特色碳减排制度创新不得不解决的理论与现实问题。

　　以二氧化碳为代表的温室气体排放问题产生是技术进步等生产力发展诸物质要素作用的结果；减少碳排放需要低碳技术与制度创新协同发展，其中，技术进步与制度创新是一种互动互促的关系，而制度更具有基础性作用，因此需要相应的制度安排和体制变革。

　　本书主要内容包括：第一，提出中国特色碳减排制度创新既是经济高质量发展和应对气候变化的现实的需求，也是低碳技术创新、优化资源配置和提供制度适应性的必然途径；第二，系统梳理了我国在协调经济发展与环境保护的关系和矛盾过程中形成的发展才是硬道理、可持续发展战略、科学发展观和绿色发展理论，阐明了中国特色碳减排理论孕育于以发展为主线的系列理论演化过程，以及中国特色碳减排制度内涵、生成机理、演化现状及结构特征；第三，指出我国目前一些区域的发展进入碳锁定阶段受到中国特色碳减排制度变迁与多重制度逻辑相互作用的影响，并实证考察碳减排制度绩效及其影响因素；第四，指出了解决碳锁定问题需要制度与技术的协同创新，并在全要素生产率分析框架下，运用经济学意义上的技术进步和测度方法，考察了中国 30 个省份（不包括港澳台和西藏，下同）技术进步（全要素生产率）大小，分析中国省际碳减排绩效中技术进步差距的影响；第五，进一步指出解决碳锁定问题不仅需要技术，更需要确定技术进步方向，并在诱导型创新理论框架下，考察中国30个省份技术进步（全要素生产率）方向，分析中国省际碳减排绩效中技术进步方向的影响；第六，基于研究结论，系统性地提出中国特色碳减排制度创新的原则、目标途径与的政策建议。

本书结论有三个。（1）社会主义制度优越性的自我完善是推动中国特色碳减排制度创新的条件和起因；中国特色碳减排制度是在社会主义改革和经济转型时期协调经济发展与环境保护二者关系及其转换过程中演化而来的，形成了具有中国特色的碳减排制度体系；中国特色碳减排制度变迁受到组织场域多重制度逻辑及其相互作用。自哥本哈根气候变化会议以来，中国特色碳减排制度绩效显著，但省际差异较大。（2）提升中国特色碳减排绩效，一是要优化能源产业所有制结构，微观运行中引入市场机制，形成与市场协调的强联系；二是打破高碳能源产业的自然垄断和行政垄断，为低碳技术能源产业进入市场提供条件；三是加强碳减排相关法律制度建设，丰富市场化碳减排政策工具，形成绿色低碳技术进步导向的制度体系，推动技术进步。（3）政府、企业和社会公众的协同创新是提升中国特色碳减排制度绩效的必由之路。碳减排市场化政策工具创新、能源领域市场化改革乃至健全碳减排制度体系和建构多能融合的现代化产业体系是提升中国特色碳减排绩效的根本保证。

目　录

Contents

第一章　中国为什么要进行
碳减排制度创新

改革开放以来，中国经济建设取得了举世瞩目的成就，开创了"中国模式"①的现代化道路。然而，经济高速发展消耗了大量化石能源并引致对二氧化碳排放、生态环境恶化、资源耗竭等一系列问题的重视。处理好经济发展与生态环境问题，才能更加充分地彰显中国特色社会主义制度的优越性。

党的十九大报告指出，中国特色社会主义进入了新时代。随着社会主要矛盾的转变，人民群众的需要已经从"物质文化需要"发展到"美好生活需要"，从曾经"落后的社会生产"到改变"不平衡不充分"发展的转换。在中国特色社会主义事业"五位一体"的总体布局中，减少碳排放、应对气候变化是其中生态文明建设的重要内容，同时，减少碳排放应对气候变化也是中国特色社会主义"道路自信、理论自信、制度自信和文化自信"重要表现形式之一。

中国在《巴黎协定》中承诺将在 2030 年左右达到碳排放峰值，非化石能源占一次能源消耗的比重提高到 20%。但是，在以经济建设为中心的发展理念下，以往以煤为主的能源消费锁定了高碳技术进步路径；由于资源禀赋和能源安全的约束，我国高碳能源结构长期难以改变并形成垄断供给；在工业化、城镇化发展对能源需求的正向反馈下，我国碳排放量持续增长，形成了"碳锁定"（carbon lock-in）。碳锁定，即由于对化石能源系统使用技术的高度依赖，结果形成一种共生的系统内在惯性，导致技术锁定和路径依赖，进而阻碍替代技术（尤其是零碳或低碳技术）的发展（Unruh G C, 2000）。绿色低碳发展的本质是解除碳锁定，也是生态文明建设的必然要求。绿色发展需要在技

---

① 2004 年 5 月，乔舒亚·库珀·雷默（Joshua Cooper Ramo）发表题为《北京共识》的研究报告。在这份报告中，他对中国经济改革做了全面理性的思考与分析。他指出，中国通过改革开放以来的艰苦努力、主动创新和大胆试验，已经摸索出一条适合本国国情的发展模式，他将这一模式称为"中国模式"或者"北京共识"。转引自秦红军. "中国模式"的理论评述与思考 [J]. 西南林业大学学报（社会科学），2018, 2 (4)：48 - 51。

术和制度两个层面共同创新推进，既需要市场化政策工具创新，也需要进行制度环境优化。所幸的是，中国已经走上了中国特色生态文明建设这个更新、更高起点的伟大征程。

本章第一节介绍了本书研究的逻辑体系；第二节阐述了发展客观现实的需求；第三节论述了中国特色碳减排制度创新的必要性。分析中国特色碳减排制度创新的逻辑，从中可以引出本书展开分析的思路、逻辑和框架。

第一节　中国特色碳减排制度创新的逻辑体系——全书导读

中国特色碳减排制度涉及环境认知、法律制度、经济制度、治理机制、产业制度等。从制度变迁视角来看，社会主义制度优越性的自我完善是推动中国特色碳减排制度创新的条件和起因。

发展是贯穿社会主义初级阶段的主线，本书所有研究都紧紧围绕经济发展与环境保护来展开。笔者在这里尝试给出中国特色碳减排制度创新的经济学理论分析体系框架，这也是本书展开分析的逻辑和思路（见图1-1）。

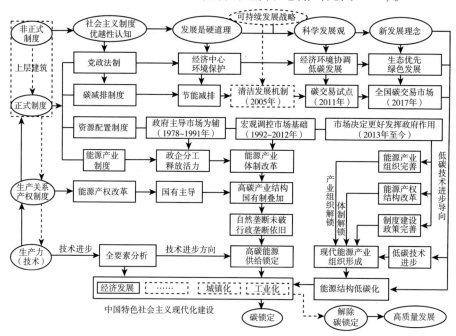

图1-1　本书分析逻辑

社会主要矛盾决定了发展模式。在改革开放之初，我国社会主要矛盾是人民日益增长的物质文化需要同落后的社会生产之间的矛盾，能源作为基础性产业与经济建设中心发展理念绑定，集中体现为国有能源保障供给。为了调动能源生产的积极性，市场化成为普遍的制度选择方向，因此，我国先后对煤炭产业、电力和石油进行了体制改革。但是，由于能源产业具有自然垄断属性，叠加能源保障需求引致的行政垄断，同时，能源产业所有制改革滞后，形成能源产业高碳结构和产权制度的叠加，市场调节失灵。另外，由于资源禀赋，长期以煤为主导的能源结构也导致了我国能源产业技术进步形成了高碳技术进步路径依赖。随着工业化和城镇化进程的加速，我国对能源需求形成了正向反馈，碳排放量随之持续创新高，形成技术－制度综合体的碳锁定发展模式。破解碳锁定，技术进步是最重要的因素，其作用超过其他所有因素。但是，技术进步既可能增加碳排放也可能减少碳排放，最终具体是减少还是增加取决于技术进步的具体路径。如何从经济学视角准确判断制度创新是否推动了技术进步或者说技术是否向清洁低碳的方向进步，这里的核心变量是全要素生产率（total factor productivity，TFP），通常叫作技术进步率，系新古典学派经济增长理论中用来衡量纯技术进步在生产中的作用的指标。这里，问题的关键不是技术进步"总量"的大小，而是技术进步的"方向"，即技术进步偏向于哪一类生产要素。技术进步可以分为两种方式，一是技术进步同比例地提高所有生产要素的边际产出，称为要素增进型技术进步或中性技术进步；二是技术进步偏向于提高某一类生产要素的边际产出，称为偏向性技术进步。

低碳技术突破之后还面临着市场突破，低碳技术能否进入社会系统、能源产业则涉及我国能源体制变革，亦即碳减排制度创新的适应性效率。目前，相关研究的主要理论仍然是从西方经济学外部性理论下市场化政策工具——碳税、碳交易市场制度或者混合政策工具的创新以及消费端制度创新等，没有考虑到中国碳减排制度创新的能源体制和产业组织结构，且均属于末端治理。与此不同的是，本书尝试将中国特色碳减排制度变迁放在中国改革开放、经济转型的历史大背景下，从制度变迁的组织场域结构和技术进步路径更深层次剖析中国"碳锁定"的形成机理，并在"体制论"和"功能论"二者结合的视角下，分析如何通过更好发挥政府作用的体制变革来提高碳减排制度适应性效率；发挥市场资源配置的决定性作用，利用市场导向，发挥市场化碳减排政策工具在激励低碳技术进步方面的积极作用，以推动低碳能源产业的长远发展，进而推动低碳能源逐步替代高碳能源，最终实现绿色高质量发展。

第二节　中国特色碳减排制度创新的现实需求

一、应对全球气候变化，推动碳达峰、碳中和的客观需求

当前，大气中二氧化碳浓度已从工业革命前的 280ppm 上升到 2019 年的 414.7ppm，增长 48.1%，超过了近 65 万年以来的自然变化幅度，导致近百年来全球地表平均温度上升了 0.74℃。[①] 二氧化碳浓度的增加主要是因为化石能源的燃烧排放，大气中二氧化碳浓度每增加 1ppm，相当于 78 亿吨的二氧化碳排放。21 世纪以来，中国工业化、城镇化进入了加速发展阶段，对能源需求总量大。以 2020 年为例，能源消费总量达 49.8 亿吨标准煤，其中，煤炭消费量占能源消费总量的 56.8%。[②] 在以煤为主的能源禀赋约束下，中国二氧化碳排放量也快速增长（见图 1－2）。

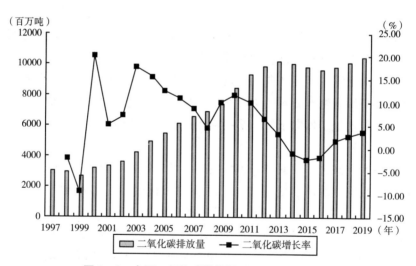

图 1－2　中国二氧化碳排放量（1997～2019 年）

资料来源：中国碳核算数据库（CEDAs），https：//www.ceads.net.cn/。

---

① 美机构称全球温室气体浓度 5 月再创新高 [EB/OL]. 新华网，http://www.xinhuanet.com/world/2019－06/05/c_1124586601.htm.

② 国家统计局：2020 年能源消费总量 49.8 亿吨标准煤 [EB/OL]. 经济日报－中国经济网，http://www.ce.cn/xwzx/gnsz/gdxw/202102/28/t20210228_36344648.shtml.

由图 1 - 2 可知，自 2009 年哥本哈根气候大会以来，中国实施碳强度指标减排政策取得了预期的政策效果，二氧化碳排放增速持续下降，2013 年"去产能"政策实施实现了 2014 ~ 2016 年连续 3 年呈现负增长。截至 2020 年，中国碳排放强度比 2005 年降低 48.4%，相当于中国减排 52.6 亿吨二氧化碳，超过了向国际社会承诺的 40% ~ 45% 的目标，基本扭转了二氧化碳排放快速增长的局面。[①] 但是，碳强度是相对量的减排指标，是兼顾发展与应对气候变化的过渡性手段，应对气候变化还需要二氧化碳排放总量的减少。为此，2020 年 9 月 22 日，习近平主席在第七十五届联合国大会一般性辩论会上郑重提出中国"二氧化碳排放力争于 2030 年前达到峰值，努力争取 2060 年前实现碳中和"。[②] 为推动实现碳达峰、碳中和目标，必然需要在重点领域和行业碳达峰实施方案和一系列支撑保障措施，加大碳减排制度创新。

与此同时，我们也应看到，作为制造业大国，中国承接了发达国家的产业转移，实质上是承担了发达国家的碳转移。据相关学者研究，中国贸易开放程度每提高 1%，人均碳排放量增加 0.3%。中国大约有三分之一的二氧化碳排放产生于出口产品的生产（Christopher et al., 2008）。以 2007 年为例，中国对外贸易隐含碳排放转移 27.1 亿吨，占当年碳排放总量的 39.76%（马翠萍和史丹，2016）。这也引致我国碳排放总量居高不下是原因之一。由此，转变发展方式是应对气候变化、减少碳排放、实现低碳发展的根本途径。

二、国内社会主要矛盾转化，人民群众对美好生态环境需求强烈

应对气候变化与国内生态环境治理问题是同一问题的不同方面，其实质都是发展问题。国际社会发展经验表明：当一个国家经济发展水平较低的时候，环境污染的程度较轻，随着人均收入的增加，环境污染由低趋高，环境恶化程度随经济的增长而加剧；当经济发展达到一定水平后，也就是说，到达某个临界点或称"拐点"以后，随着人均收入的进一步增加，环境污染又由高趋低，其环境污染的程度逐渐减缓，环境质量逐渐得到改善，这种现

---

① 生态环境部：2020 年中国碳排放强度比 2015 年降低了 18.8% ［EB/OL］. 人民网，http：// finance. people. com. cn/n1/2021/1027/c1004 - 32266432. html.

② 习近平同志在第七十五届联合国大会一般性辩论上的讲话 ［EB/OL］. 新华网，https：//www. ccps. gov. cn/xxsxk/zyls/202009/t20200922_143558. shtml.

象被称为环境库兹涅茨曲线。《中国统计年鉴》（2021）数据显示，改革开放以来，中国人均国民收入由 1978 年的 384.7 元增长 2020 年的 71489.1 元，按平均汇率折算为 1.05 万美元，相对于 1978 年增长了 2701.6%。全国居民人均可支配收入由 1979 年的 171 元增长至 2020 年的 32189 元，年均增长率达 8.2%。按照 2020 年世界银行的标准，一个国家的人均国民生产总值（GNP）超过 12535 美元，就进入高收入国家的行列。不难推算，在不久的将来，中国的人均 GDP 将达到高收入国家的入门标准。参照国际社会发展经验，在经济收入水平达到高收入国家标准必然是中国环境改善的"拐点"，社会民众对生态环境的要求必然也随之提高。党的十九大作出了中国特色社会主义进入新时代的战略判断，在新时代，我国社会主要矛盾已经转化为人民日益增长的美好生活需要和不平衡不充分的发展之间的矛盾。中国解决发展问题的核心已从满足人民日益增长的物质文化需求转变为着力解决好发展不平衡不充分问题，大力提升发展质量和效益，更好满足人民在经济、政治、文化、社会、生态等方面日益增长的需要，尤其是美好生态方面的需求。

三、后"京都"时代国际气候谈判步履维艰，碳减排制度亟须创新

1992 年的《联合国气候变化框架公约》（以下简称《公约》）的核心内容是确立应对气候变化最终目标、确立国际合作应对气候变化基本原则、明确发达国家应承担率先减排义务和向发展中国家提供资金技术支持，承认发展中国家有消除贫困、发展经济的优先需要等。但是，《公约》不涉及各个国家具体减排指标。1997 年的《京都议定书》全称为《联合国气候变化框架公约的京都议定书》，是《公约》的补充性文件。《公约》自 1995 年第一次缔约方会议提出，至 1997 年 11 月《公约》第三次缔约方会议，共经过 8 次正式谈判会议及若干次非正式磋商达成。会议在日本京都举行，故以《京都议定书》（Kyoto Protocol）命名，并于 2005 年 2 月 16 日正式生效。《京都议定书》规定了《公约》附件 I 国家的量化减排指标，要求以 1990 年确立的排放量削减水平为基线，在 2008~2012 年（第一承诺期）把二氧化碳（CO_2）、甲烷（CH_4）、氧化亚氮（N_2O）、氢氟碳化物（HFCs）、全氟碳化物（PFCs）及六氟化硫（SF_6）共 6 种温室气体的总排放量减少 5.2%。这就是《京都议定书》"自上而下"的全球碳减排机制。这种机制的优点是"具有较强的国际法律约束力，在实施机制上设定有严格的遵约机制，有统一的核算规则以及严格的测量、报告、

核实规则，有助于以科学认知指导各国行动，并以法律责任确保行动效果。"但是《京都议定书》"自上而下"减排机制的局限性也很明显。其一，往往难以达成行动共识，整体进程的进度迟缓（高翔，2016）。例如，自 1998 年的《布宜诺思艾利斯行动计划》至 2009 年的《哥本哈根协议》等国际谈判基本全部围绕着《京都议定书》的第一、第二期减排承诺期展开（李威，2016），而美国作为当时世界上最大的碳排放国没有批准《京都议定书》，2011 年 12 月 12 日，加拿大正式退出《京都议定书》，而澳大利亚、日本和俄罗斯则拒绝《京都议定书》的第二承诺期。其二，《京都议定书》并没有达到应该达到的环境成效标准。图 1 - 3 反映了 1990~2018 年全球碳排放量。由图可知，2008~2012 年，除了 2008 年金融危机使得化石能源消耗量降低而减少了碳排放量以外，其他年份碳排放量整体呈现增长趋势；2012 年全球碳排放量为 32134.8 百万吨，相较于 1990 年的 21304 百万吨，全球碳排放总量上升了 150.84%。正如约翰·贝拉米·福斯特指出，"具有讽刺意义"的是，尽管《京都议定书》在遏制全球气候变暖方面所跨出的"十分温和的""更多的是只具有象征意义"的"一小步"，但也无情地招致了失败（Foster J B, 2010）。[①]

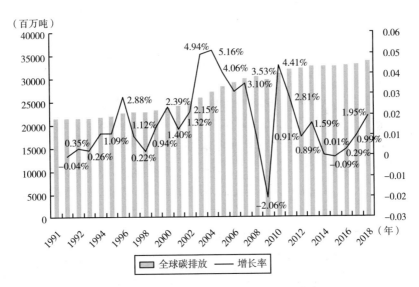

图 1 - 3　全球碳排放量（1990~2018 年）

资料来源：根据《BP 世界能源统计年鉴》数据绘制。

[①]　约翰·贝拉米·福斯特. 生态危机与资本主义 [M]. 耿建新，译. 上海：上海译文出版社，2006.

《公约》的达成与《京都议定书》的命运是典型的集体理性与个体理性冲突的结果。破解应对全球气候变化问题上的集体理性与个体理性冲突的根本出路是转变思维，需要在人类命运共同体理念下寻求国际合作。为此，在《京都议定书》自上而下的减排模式难以为继的背景下，国际社会开始积极寻求向自下而上模式转变。基于 2010 年《坎昆协定》、2011 年《德班增强行动平台》、2012 年多哈会议、2013 年《华沙共识》和 2014 年《利马倡议：各国交国家自主减排贡献（Intended Nationally Determined Contributions，INDCs）》（COP20）等会议和相关谈判成果，以及中美两国的共同推进，2015 年达成了《巴黎协定》。根据《巴黎协定》目标，世界需要在 2020～2030 年间每年减少 7.6% 的碳排放量，否则 21 世纪平均气温将上升 3.2℃。

综上所述，由于碳排放导致的气候变化具有全球性而其他环境污染物的危害性具有局域性，因此各国减少环境污染物排放的意愿要远远大于减少碳排放；但是，二氧化碳和环境污染物的排放具有混合性，这又使得中国在对待减少二氧化碳排放和环境污染物的意愿上同样强烈。

第三节　中国特色碳减排制度创新的必要性

一、绿色低碳发展需要低碳技术进步与碳减排制度协同创新

碳锁定是当今世界的一个重要特征，即在碳基能源技术进步路径锁定下，政治、经济和社会与化石能源结成了"技术－制度综合体"，形成了一种共生的系统内在惯性，阻碍替代技术（零碳或低碳技术）的发展（Unruh G C，Carrillo-Hermosilla J，2006）。碳锁定的最大后果就是二氧化碳等温室气体大量排放造成的全球气候变暖问题。碳锁定的形成机理一方面是碳基能源技术的依赖，另一方面还包括了能源垄断、结构高碳和"快"字当头的发展思路等。绿色低碳发展本质上就是要解除碳锁定，需要技术进步和制度协同创新。技术进步（生产力）与制度创新（生产关系）是一种互动互促的内在关系，低碳技术进步必然要求技术与制度协同创新。技术进步一般包括发明、创新和技术扩散三个阶段，不同阶段皆需要相应的制度创新。其中，发明是创造性思维活动的结果，源于科学研究，发明引入生产体系并投放市场的行为是创新，而技术扩散则是创新的产品、技术被其他企业通过合法手段采用的过程。低碳技术相对于高碳技术而言，不仅保留了技术推动经济增长的原理，还降低了技术使

用对资源环境的负面效应。低碳技术进步引起高碳技术主导的利益格局变化以重新确定产权，这就必然会导致制度方面的相应回应。例如，汽车节能与排放控制技术进步后，汽车排放标准就要相应地调整。反之，如果低碳制度创新确立了低碳技术进步的收益，则会引起低碳技术发明的大量涌现，例如，在《联合国气候变化框架公约》生效的 1994 年之前，国际低碳技术专利年申请量处于较为平稳的状态，但 1995～2011 年，全球气候变化减缓技术类发明增加了 5 倍，尤其是在 1997 年《京都议定书》签订以后，低碳技术发明的增长显著快于其他技术发明。[①] 从中国来看，根据经合组织（OECD）2005～2014 年专利数据库数据统计，在此期间中国累计低碳技术专利量排世界第五名，低碳技术创新质量指数接近世界发达国家水平。但是，低碳技术创新密度（衡量一个国家的低碳技术创新程度，为单位 GDP 的低碳技术专利数）先升后降，由 2005 年的 1.41 项/10 亿美元回落至 2014 年的 0.17 项/10 亿美元，仅为世界平均水平的 31%（李力，2020）。此外，进行低碳技术创新具有风险高、收益不确定、溢出性强和公共产品的属性，对于低碳技术创新主体企业而言，是否进行低碳技术创新取决于低碳技术创新的风险、预期收益与高碳技术的比较收益。改变技术创新路径依赖需要相应的激励机制安排，激励不足则难以催生重大的技术创新。低碳技术扩散阶段是打破原有技术、组织、工业、社会和制度维护既定利益的关键环节，如果没有相应的制度创新，则难以撼动高碳技术的主导地位。目前，我国低碳技术扩散多是采取财政补贴形式，随着低碳能源技术的突破，还需要能源市场的突破。一方面，财政补贴会因为低碳能源规模的扩大而难以为继；另一方面，如果没有市场的突破，就会产生"弃光""弃风"等行为。因此，需要从产权结构、产业组织结构等方面进行制度创新。

二、发挥市场在资源配置中的决定作用需要减排制度创新

碳排放权交易制度的完善是碳排放交易机制和监管机制的体制保证，也是中国特色碳减排制度创新的重要内容。党的十八届三中全会通过的《中共中央关于全面深化改革若干重大问题的决定》提出按照"使市场在资源配置中起决定性作用"的要求，为了减少二氧化碳排放，倡导低碳发展，明确提出推行碳排放权交易制度。碳排放权交易制度的原理是通过市场资源配置寻求社

[①]　减缓气候变化的技术发明增长迅速［EB/OL］. 科技日报, http://scitech.people.com.cn/n/2015/1210/c1057-27908253.html.

会减排总成本最低的制度安排。2011 年 10 月，国家发展改革委下发《关于开展碳排放权交易试点工作的通知》。此后，北京、天津、上海、重庆、湖北、广东和深圳开展碳排放权交易试点；2013～2014 年，七个试点碳市场陆续启动；2017 年 12 月 19 日国家发改委发布《全国碳排放权交易市场建设方案（发电行业）》（以下简称《方案》），标志着全国碳市场的正式启动。但是，我国碳排放交易制度体系还远未完善。按照《方案》的部署，分基础建设、模拟运行和深化完善三期进行。其中，2018 年为基础建设期，任务是进行碳市场的基础建设工作，包括建立健全制度体系、建设基础支撑系统、开展能力建设等。2019 年为模拟运行期，任务是开展发电行业配额模拟交易。截至 2019 年末，全国碳市场的基础建设工作尚未全部完成，全国碳市场模拟运行尚未进行。碳排放市场交易机制作为一种配额交易机制，基础是碳排放空间稀缺性界定，需要政府通过总量控制。我国在《强化应对气候变化行动——中国国家自主贡献》中承诺二氧化碳排放 2030 年左右达到峰值并争取尽早达峰。因此，在 2030 年之前，我国碳排放总额如何设定，如何进行地区间分配，如何规定企业的二氧化碳排放上限额度，如何指导企业对其温室气体排放实行总量管理和减排，并对超出配额的排放设立罚则等，这都是我国的碳排放权交易市场完善需要制度创新的内容。另外，我国当前的碳交易排放权市场仅针对发电行业，而石油加工及炼焦业、化学原料和化学制品制造业、非金属矿物制品业、黑色金属冶炼和压延加工业、有色金属冶炼和压延加工业等高能耗高排放行业如何进入，也是需要作出制度安排的。

三、生态文明建设需要更好发挥政府作用、提升制度适应性效率

减少碳排放、应对全球气候变化，从本质上来讲是对工业文明发展模式下碳基能源技术系统的一个纠偏。在理论上，存在对现有技术系统进行变革的三种递进式的政策路径（Unruh G C，2002）：一是末端治理（end-of-pipe，EOP），即不改变现有技术系统，仅对排放进行治理；二是连续法（continuity approach），即改造一定的部件或流程，而维持整体系统构架不变；三是断绝性方法（discontinuity approach），即替换整个技术系统。由于末端治理不改变现有技术系统，因而成本最小，也是当前碳减排的主要治理模式。但是，末端治理最终会趋于无法带来增量的改变。另外，由于气候变暖问题和环境恶化问题同根同源，我国已将应对气候变化与国内生态环境治理相结合，提出将生态文明融入经济建设、政治建设、文化建设和社会建设的各方面和全过程，实施

生态优先、绿色高质量发展。这一发展战略导向的转变需要原有经济建设为中心任务下经济、政治、文化和社会体制的变革和生态管理体制的创新。如果说碳排放权交易制度的创立是对现存碳排放市场上的资源进行优化配置，提升的是资源配置效率；那么，原有经济建设为中心的体制就需要适应生态文明建设融入体制，提升的是适应性效率。适应性效率是内生于体制或制度内对外在条件的变化的一种制度跟进或适应，这种适应包括放弃原有的规则或做法，根据新的变化情况作出调整。适应性效率形成的条件是政治体制和经济体制能够在面临普遍的不确定性时为不断的试错创造条件，促进解决新问题的制度性调整（诺思，2002）。适应性效率亦即经济体制效率，是长期经济增长的源泉（周兵，2013）。这是一个体制转变的过程，需要在体制论指导下转变政府职能更好发挥政府作用，优化以经济为中心的一系列用来建立生产、交换与分配基础的基本的政治、社会和法律基础规则的制度环境。而我国产能过剩、产业没有升级、经济结构没有优化根源于我国适应性效率低（罗小芳和卢现祥，2016）。碳减排需要优化能源产权结构，改变国有能源产业与市场机制的弱联系，弥补市场失灵；降低传统高碳能源产业组织的进入壁垒，优化能源产业结构；推动可持续发展和环境保护。

第二章 中国特色碳减排理论演化与制度创新

改革开放以来，我国在处理"经济发展与环境保护"二者的关系中，发展理念历经"发展是硬道理""可持续发展""科学发展观"和"绿色发展生态优先"。在此过程中，中国特色的节能减排、"碳达峰"和"碳中和"等碳减排理论逐步得到丰富和发展。理论创新推动制度创新，既是中国特色碳减排制度的生成机理，也赋予了中国碳减排制度创新的特色内涵。

第一节 中国特色碳减排制度创新理论的演化

一、应对能源短缺的节能理念

（一）发展速度与资源、环境相适应的节能理念

推动经济快速发展，需要生产要素与发展速度相匹配；为了解决能源短缺问题，邓小平同志提出了节能理念和相应的制度安排。这一时期没有提出与二氧化碳减排有关的专门理论，但是节能理念和相关制度创新却是后续我国减少二氧化碳排放应对气候变化的主要理论和政策手段之一。

生产力是社会发展的最终决定力量，社会主义要体现优越性就必须大力发展生产力。邓小平同志继承了马克思主义的一贯思想，结合中国国情，最先阐述了发展是硬道理的思想。1978 年 9 月，邓小平同志指出，中国的主要目标是发展；中国解决一切问题的关键，是要靠自己的发展，发展才是硬道理……他还明确把建设有中国特色社会主义的路线称为"中国的发展路线"。

邓小平同志把发展的速度上升到了社会主义优越性的高度，但是，也注意到发展并非是经济单方面的发展，而是要与和资源与环境发展相适应。1985

年9月23日，邓小平同志在《在中国共产党全国代表会议上的讲话》中指出：一定要首先抓好管理和质量，讲求经济效益和总的社会效益，这样的速度才过得硬。[①] 1987年10月16日邓小平同志会见德意志联邦共和国巴伐利亚州州长、基督教社会联盟主席弗朗茨—约瑟夫·施特劳斯时的谈话：我们现在要注意的是发展速度不要太快，要适当控制速度，否则配套跟不上，能源、原材料、资金都跟不上，特别是不能为下个世纪发展的后劲打下很好的基础。我们计划连续几十年的发展，要避免曲折，更要避免倒退。总的是要加快步伐，在加快步伐中，头脑要冷静，步子要稳妥。[②]

　　在"发展是硬道理"理论的指导下，中国经济得到了快速的发展，伴随着经济发展对能源的需求不断增大，这时能源成了国民经济发展的瓶颈。1979年，国家科委在杭州召开第一次能源政策座谈会，会上我国能源界逐渐形成了比较一致的看法，即我国面临着能源短缺。从1980年开始，原国家计委、经委组织编制五年节能规划和年度节能计划，开始把节能工作纳入国民经济规划，提出"开发与节约并重，近期把节约放在优先地位"能源利用方针，从而确立了"节能"在我国能源发展中的战略地位。20世纪80年代中期，提出以效益为核心的能源开发利用战略和以电力为中心的能源消费结构调整战略。邓小平同志主张利用科学技术发展清洁能源，以减少环境污染，实现可持续发展。1983年邓小平同志指出：解决农村能源，保护生态环境等，都要靠科学。[③] 1985年10月13日，全国城市环境保护工作会议指出：对工厂的烟尘污染，发电厂的粉煤灰，冶金行业的所谓"黄龙""黑龙""红龙""灰龙"，应该要求这些工厂采取现代化的除尘装置加以解决。这反映了这一时期我国对环境污染减排工作的重视。

　　综上所述，这一时期的"节能"并非是为了应对气候变化而降低二氧化碳排放，实际上，在"发展是硬道理"的理论下，"节能"是为了经济建设中心服务的。因为，此时国际上关于应对气候变化对发达国家减少二氧化碳等温室气体排放具有约束力的《京都议定书》尚未诞生。但是，在此期间中国的节能减排思想制度化的政策在实际上减少了二氧化碳等温室气体的排放。20世纪80年代，我国GDP年均增长9%，能源消费量年均增长5.1%，能源消

　　① 中共中央文献研究室. 邓小平文选（第3卷）[M]. 北京：人民出版社，1994：143.

　　② 中共中央文献研究室编辑. 邓小平年谱（1975–1997）（下）[M]. 中央文献出版社出版，2004：1212.

　　③ 国家环保总局，中共中央文献研究室. 新时期环境保护重要文献选编[M]. 北京：中共中央文献出版社，北京：中国环境科学出版社，2001：34，71.

费弹性系数为 0.57。这表明期间中国的能源利用效率获得了极大提高，降低了实际的能源消费量，从而减少了二氧化碳排放。更重要的是，这一"节约与开放并重"能源利用理念一直为中国能源政策和应对气候变化政策主要构成部分，确立了节能在我国能源发展中的战略地位。

（二）社会主义市场经济理论拓展了碳减排政策工具

社会主义市场经济体制确立后，我国逐步利用国际能源市场保证国内能源供给，国内能源供需矛盾得到有效缓解。但是，由于能源消耗量越来越大，环境问题开始日益显现，经济发展与环境之间的矛盾提上了日程。

社会主义市场经济体制转轨的根本目的是让价格机制发挥优化资源配置基础性作用，其实质就是让价值规律、竞争规律和供求规律等市场经济规律在资源配置中起决定性作用。在我国市场经济体制下，必须运用经济规律和价值规律来指导环境保护工作，正确处理发展经济和保护环境的关系。在市场经济条件下，价格是引导和优化资源配置信号。但是生产和生活污染物由于缺乏价格，市场机制作用无法发挥，环境污染问题治理失灵。从产权理论来看，环境污染问题产生的原因是产权不清晰，产权界定清晰也是解决环境污染侵害的前提和基础。我国自然资源权属制度创设于计划经济体制下，根据我国宪法及自然资源法律法规，所有自然资源均归国家及集体所有，因而社会主义国家资源环境公共产权具有非排他性和非竞争性。同时，我国的资源权属制度与环境权制度，却到处充斥着模糊与残缺：一是由于缺乏具体的资源所有权主体代表，国家和集体的所有权已被部门所有、地方所有、社会所有和个人所有这样一种非正规的资源所有权体系所取代（孟庆瑜和陈佳，1998）；二是环境公共产品属性，任何人都可以取用，不具有排他性。在人们逐利心理的驱使下，出现"环境版"的公地悲剧（何茂斌，2003）。由于社会主义市场经济理论的突破，市场经济体制下一些具有共性的基本原理可以为我国碳减排制度创新和设计时所借鉴和采纳。从 1991 年开始，我国在上海、天津等 16 个城市进行了排放大气污染物许可证制度的试点工作。"九五"期间，我国正式把污染物排放总量控制政策列为环境保护的考核目标，总量控制和排污许可证在全国范围内推行，同时，开始由浓度控制开始向浓度控制与总量控制相结合的方式转变。"十五"期间，我国环保工作的重点全面转到污染物排放总量控制。2002 年，我国《清洁生产促进法》出台，这也是第一部关于循环经济法律，标志着中国污染治理模式由末端治理开始向全过程控制转变。

二、可持续发展理念丰富了"节能减排"的内涵

可持续发展理论最早由环境领域发展而来。20世纪60年代，工业革命以来"高生产、高消耗、高污染"的发展模式，使得"人口暴涨、粮食短缺、能源危机、环境污染"的资源环境问题日益显现。世界各国纷纷采取措施，治理环境污染，改善环境质量。但是，最初的环境问题不仅没有解决，反而不断恶化，且逐渐打破了区域和国家的界限，进而演变成全球性问题，传统的发展模式受到严重挑战。由此，国际社会对环境和生存问题的关注、对发展道路的反思和探索，在世界范围内相继展开。1962年，美国生物学家卡森（Carson）的著作《寂静的春天》问世，标志着人类环境生态意识的觉醒和"环境生态学时代"的开始；1972年，美国德内拉·梅多斯、乔根·兰德斯和丹尼斯·梅多斯合著的《增长的极限》出版，书中第一次提出了地球资源的有限性和人类社会发展极限的观点，指出世界经济的发展已经处于不可持续的状态并提出了经济"零增长"的悲观结论；同年6月，联合国第一次人类环境会议在瑞典斯德哥尔摩召开，会议通过了《联合国人类环境会议宣言》和《只有一个地球》的报告，唤起了世界各国政府对环境问题与人类生存安全问题的觉醒；1981年，美国人布朗（Lester R. Brown）《建立一个持续发展的社会》一书正式出版，书中提出必须从速建立一个"可持续发展的社会"（sustainable society），再次引起轰动；1983年，联合国第38届大会通过决议，宣布成立联合国世界环境与发展委员会（World Commission on Environment and Development，WCED），负责制定"保护全球环境的议程"，并于1987年在42届联大通过了报告《我们共同的未来》，首次提出"可持续发展"的概念，并给出了可持续发展的定义。1992年6月，在巴西里约热内卢召开的联合国环境与发展大会上，通过了《里约环境与发展宣言》《人类21世纪议程》《联合国气候变化框架公约》和《生物多样性公约》等多项全球性公约。至此，可持续发展理论由单纯重视环境保护问题发展到以环境与发展为主题。

1992年联合国环境与发展大会之后，我国按照联合国环境与发展大会精神并结合我国具体国情率先出台了《环境与发展十大对策》。《环境与发展十大对策》提出我国需要改变造成环境极大损害和本身发展不可持久的以大量消耗资源和粗放经营型为特征的传统发展模式，转向可持续发展模式，重申了具有中国特色的"经济建设、城乡建设、环境建设同步规划、同步实施、同步发展"的"三同步"战略方针和坚持"三同时"制度。其次，《环境与发展

十大对策》的第三条对策提出了"提高能源利用效率，改善能源结构"的政策措施。党和国家领导人在解决能源短缺问题上指示的核心是"节约"，而"开发与节约并重"则是贯穿这一指导思想的重要战略方针。20 世纪 90 年代，进一步将各项方针具体化，如进一步强调了能源发展的总方针，即开发与节约并举，把节约放在首位。同时，推进新能源发展成为我国可持续发展战略的重要内容，可持续发展战略成为我国的基本国策之一。这些制度安排目的是"为履行气候公约，控制二氧化碳排放，减轻大气污染，最有效的措施是节约能源。"二氧化碳被纳入减排的对象，丰富了我国"节能减排"的内涵。

三、科学发展观奠定了碳减排制度创新理论

进入 21 世纪，国际上应对气候变化的《京都议定书》进入了第一期的实施阶段，中国作为发展中国家在第一期不承担强制性减排任务。但自加入了世界贸易组织（WTO）以来，中国经济的快速发展造成了能源的刚性需求，给能源安全和环境造成了巨大的压力，中国逐渐成为国际社会关注的主要减排目标国之一。

胡锦涛同志正是基于时代发展特征把握了中国特色国情下的基本问题，提出了科学发展观，其内涵包括"坚持在经济发展的基础上促进社会全面进步和人的全面发展，坚持在开发利用自然中实现人与自然的和谐相处，实现经济社会的可持续发展。"[1] 2005 年 11 月 7 日，胡锦涛在北京国际可再生能源大会的致辞中提出："加强可再生能源开发利用，是应对日益严重的能源和环境问题的必由之路，也是人类社会实现可持续发展的必由之路。"[2] 2006 年 1 月 1 日，中国正式实施《可再生能源法》，将科学发展通过法律延伸至产业层面。

应对气候变化问题是科学发展观的体现，也是中国碳减排制度创新的理论基础。加入 WTO 以后，中国与世界的联系越来越紧密，中国的发展问题，已不仅是一国国内的理论问题和实践问题，还是一个具有全局性意义的时代性问题。全球气候变化深刻影响着人类生存和发展，是各国共同面临的重大挑战。因此，应对气候变化是人和自然之间的和谐相处的重要方面，也是科学发展观应有之义。作为国际上负责任的大国，中国高度重视应对气候变化问题。2007

---

① 胡锦涛. 科学发展观重要论述摘编［Z］. 北京：中央文献出版社，北京：党建读物出版社，2009：1.

② 胡锦涛给 2005 年北京国际可再生能源大会的致辞［EB/OL］. 新华社，http://www.gov.cn/ztzl/2005 - 11/09/content_95296. htm.

年6月3日，中国政府发布了《中国应对气候变化国家方案》（以下简称《方案》)），这是发展中国家中第一个出台的应对气候变化方案。《方案》将"全面贯彻落实科学发展观"作为中国应对气候变化的指导思想。在科学发展观的指导下，中国将"坚持节约资源和保护环境"作为基本国策；明确以"控制温室气体排放、增强可持续发展能力"为目标。作为世界上最大的发展中国家，中国目前的中心任务是发展经济、改善民生，同时，中国是遭受气候变化不利影响较为严重的国家之一。在《方案》中，中国以节能减排作为应对气候变化的切入点，从国情出发采取了一系列政策措施，包括"调整经济结构，推进技术进步，提高能源利用效率""发展低碳能源和可再生能源，改善能源结构""大力开展植树造林，加强生态建设和保护""实施计划生育，有效控制人口增长""加强了应对气候变化相关法律、法规和政策措施的制定""进一步完善了相关体制和机构建设""高度重视气候变化研究及能力建设""加大气候变化教育与宣传力度"。"十一五"期间，在科学发展观的指导下，节能减排首次被作为约束性指标列入国民经济和社会发展规划，即单位国内生产总值能源消耗降低20%左右，二氧化硫等主要污染物排放总量减少10%。

作为世界上最大的发展中国家，中国坚持《联合国气候变化框架公约》"共同但有区别的责任原则"。中国政府一向本着对中国人民和各国人民负责的态度，高度重视气候变化问题。一方面为减缓气候变化把积极开展节能减排作为应对气候变化的切入点，采取了节约能源、优化能源结构、提高能源效率、开展植树造林等一系列措施，取得了显著成效。另一方面，中国不断增强在农业、自然生态系统、水资源等领域适应气候变化的能力，高度重视防灾减灾，努力减少灾害性天气和极端气候事件造成的损失。

四、绿色发展理念下的碳减排制度创新思想

党的十八大以来，以习近平同志为核心的党中央为破解中国发展难题、应对全球气候变化的挑战，顺应时代发展进步潮流，统筹国际国内两个大局，将应对气候变化与国内可持续发展相结合，提出"创新、协调、绿色、开放、共享"五大发展理念。其中，绿色发展注重的是解决人与自然和谐问题，绿色发展理念是马克思主义生态文明理论同中国经济社会发展实际相结合的创新理念，是深刻体现新阶段我国经济社会发展规律的重大理念，从而深刻回答了应该"实现什么样的发展，怎样发展"等重大理论和实践问题。

（一）"绿水青山就是金山银山"的绿色发展核心理念

环境与气候变化问题就其本质而言就是一个如何处理好人与自然、人与人、经济发展与环境保护的关系问题。人类只有与资源和环境相协调，和睦相处，才能生存和发展。"绿水青山就是金山银山"体现了生态系统论。

（1）"绿水青山就是金山银山"的科学论断是习近平同志于 2005 年 8 月在浙江湖州安吉考察时提出的，"绿水青山"指的是结构和功能良好的生态系统，"金山银山"指的是满足人类需求的各种财富与福祉。"绿水青山就是金山银山"表征生态环境与经济发展是辩证统一的关系。党的十八大报告首次将"生态环境"纳入了总体发展规划，形成了"五位一体"总体布局。"绿水青山就是金山银山"的科学论断厘清了生态环境和经济发展的辩证统一关系。2013 年 9 月 7 日，习近平总书记在哈萨克斯坦纳扎尔巴耶夫大学回答学生问题时对二者的辩证统一关系进行了阐释："我们既要绿水青山，也要金山银山。宁要绿水青山，不要金山银山，而且绿水青山就是金山银山。"[①] 习近平总书记的这次讲话点明了新时代如何处理经济建设与生态环境建设二者的关系，即经济要发展，但不能以破坏生态环境为代价。2014 年 3 月 7 日，习近平同志在参加十二届全国人大二次会议贵州代表团审议时指出："绿水青山和金山银山绝不是对立的，关键在人，关键在思路。保护生态环境就是保护生产力，改善生态环境就是发展生产力。让绿水青山充分发挥经济社会效益，不是要把它破坏了，而是要把它保护得更好。"习总书记把保护环境上升到生产力的高度，指明了生态环境问题归根结底是经济发展方式问题。

（2）"绿水青山就是金山银山"不再将经济增长作为目标，而是转向中高速、高质量发展。以习近平同志为核心的党中央综合分析世界经济长周期和我国经济发展阶段的特征及其相互作用，作出了"新常态"的重大战略判断。新常态下，我国经济增长速度要从高速增长转为中高速增长，发展方式要从规模速度型转向质量效率型，经济结构调整要从增量扩能为主转向调整存量、做优增量并举，发展动力要从主要依靠资源和低成本劳动力等要素投入转向创新驱动。为了推动经济健康发展，习近平同志指出，"要把适应新常态、把握新常态、引领新常态作为贯穿发展全局和全过程上的

---

① 中共中央宣传部. 习近平总书记系列重要讲话读本（2016 年版）［Z］. 北京：学习出版社，人民出版社，2016：147－148.

大逻辑"。① 在 2018 年 5 月，习近平同志在全国生态环境保护大会上的讲话指出：绿水青山就是金山银山，贯彻创新、协调、绿色、开放、共享的发展理念，加快形成节约资源和保护环境的空间格局、产业结构、生产方式、生活方式，给自然生态留下休养生息的时间和空间。

（3）"绿水青山就是金山银山"是绿色发展的核心理念。2016 年 1 月 5 日，习近平同志在重庆主持召开推动长江经济带发展座谈会上对长江经济带发展提出了新的要求，即推动长江经济带发展必须从中华民族长远利益考虑，把修复长江生态环境摆在压倒性位置，共抓大保护、不搞大开发，努力把长江经济带建设成为生态更优美、交通更顺畅、经济更协调、市场更统一、机制更科学的黄金经济带，探索出一条生态优先、绿色发展新路子。2018 年 4 月 26 日下午，习近平同志在武汉主持召开深入推动长江经济带发展座谈会指出：推动长江经济带探索生态优先、绿色发展的新路子，关键是要处理好绿水青山和金山银山的关系。② 习近平同志指出，绿色发展生态优先的核心，强调未来和方向路径，彼此是辩证统一的，不仅是长江经济带应该走出一条生态优先、绿色发展的新路子，全国其他地方的发展也同样要把生态放在优先的位置。2019 年 3 月 5 日下午，习近平同志在参加十三届全国人大二次会议内蒙古代表团审议时指出，要探索以生态优先、绿色发展为导向的高质量发展新路子。③ 习近平同志的新时代新的发展理念，不仅是对可持续发展理念的升华，更是关系我国发展全局的一场深刻变革。

"绿水青山就是金山银山"将生态优先置于经济发展与环境保护协调发展的优先地位，引领了新时代的绿色发展，深化了可持续发展理论，为新时代中国特色碳减排制度创新提供了理论指导。

（二）共同构建人类命运共同体

在气候变化形势越来越严峻的背景下，全球任何一个国家都无法置身事外，这是人类社会必须共同面对的现实威胁。气候变化的全球性问题促使各国不仅追求各自的利益，也关注整体的利益和他者的利益。应对全球气候变化需要有共同的理念、共同的行动和共同的秩序和公共治理体系。党的十八大报告

---

① 中共中央宣传部. 习近平总书记系列重要讲话读本（2016 年版）［Z］. 北京：学习出版社，人民出版社，2016：143.

② 习近平. 在深入推动长江经济带发展座谈会上的讲话［EB/OL］. 新华社，http://www.gov.cn/gongbao/content/2018/content_5306809.htm.

③ 纪帆. 以生态优先、绿色发展为导向（人民时评）［EB/OL］. 人民网，http://opinion.people.com.cn/n1/2019/0306/c1003-30959503.html.

明确指出，人类只有一个地球，各国共处一个世界，倡导人类命运共同体意识。① 人类命运共同体也是一种生命共同体，是共同体的最高形态和生态文明的核心。2015年9月28日，习近平同志在第七十届联合国大会上系统阐述了人类命运共同体的科学内涵，从政治、安全、经济、文化、生态等方面提出了建立合作共赢的新型国际关系，即"人类命运共同体"。自此，"人类命运共同体"理念成为中国应对气候变化的指导思想。② 2018年5月，习近平同志在全国生态环境保护大会上的讲话，共谋全球生态文明建设，深度参与全球环境治理，形成世界环境保护和可持续发展的解决方案，引导应对气候变化国际合作。要实施积极应对气候变化国家战略，推动和引导建立公平合理、合作共赢的全球气候治理体系，彰显我国负责任大国形象，推动构建人类命运共同体。③

中国对减少碳排放应对气候变化的定位和认识，不仅涉及国内生态环境治理的深化、制度规范和减排实践，更是关乎中国在应对气候变化中的意愿和气候谈判进程。2020年9月22日，中国宣布力争2030年前实现碳排放达峰、努力争取2060年前实现碳中和的愿景。④ 2020年12月12日，国家主席习近平在气候雄心峰会上宣布：到2030年，中国单位国内生产总值二氧化碳排放将比2005年下降65%以上，非化石能源占一次能源消费比重将达到25%左右，森林蓄积量将比2005年增加60亿立方米，风电、太阳能发电总装机容量将达到12亿千瓦以上。⑤

全球气候变化带来的严峻挑战正在使人类显现一种共同的命运，中国倡导"人类命运共同体"正是基于国际社会的共识和规则，为世界各国共同合作应对全球气候变化提供"中国方案"。

---

① 胡锦涛. 坚定不移沿着中国特色社会主义道路前进 为全面建成小康社会而奋斗——在中国共产党第十八次全国代表大会上的报告 [EB/OL]. 人民网, http://theory.people.com.cn/n/2012/1109/c40531-19530582-1.html.

② 习近平. 携手构建合作共赢新伙伴 同心打造人类命运共同体——在第七十届联合国大会一般性辩论时的讲话 [EB/OL]. 新华网, http://www.xinhuanet.com/world/2015-09/29/c_1116703645.htm.

③ 习近平. 坚决打好污染防治攻坚战，推动生态文明建设迈上新台阶 [EB/OL]. 新华社, http://www.gov.cn/xinwen/2018-05/19/content_5292116.htm.

④ 习近平. 在第七十五届联合国大会一般性辩论上的讲话 [EB/OL]. 新华网, http://www.xinhuanet.com/politics/leaders/2020-09/22/c_1126527652.htm.

⑤ 习近平. 继往开来，开启全球应对气候变化新征程——在气候雄心峰会上的讲话 [EB/OL]. 新华社, http://www.gov.cn/xinwen/2020-12/13/content_5569138.htm.

第二节　中国特色碳减排制度的内涵与创新

一、碳减排制度概念界定

（一）制度及其构成

什么是制度？不同的经济学家对制度内涵的诠释并不完全一致，但是，一般均认为制度是经济单元的游戏规则，这里的经济单元既包括人，也包括诸如企业的经济组织等，制度的内涵至少包括习惯性、确定性、公理性、普遍性、符号性和禁止性（卢现祥，2011）。由于制度的内容十分庞杂，不同学者在将制度作为研究对象时，总是根据自己研究的视角将制度进行划分。马克思在《政治经济学批判》序言中指出："人们在自己生活的社会生产中发生一定的、必然的、不以他们的意志为转移的关系，即同他们的物质生产力的一定发展阶段相适应的生产关系。这些生产关系的总和构成社会的经济结构，即有法律的政治的上层建筑竖立其上并有一定的社会意识形式与之相适应的现实基础。"[①] 显然，马克思把社会制度分成两大层次：一是生产关系的总和即经济基础，表现为经济制度；二是上层建筑，上层建筑又可分为政治、法律制度与社会意识形式两个亚层次。马克思将经济制度划分为三个层次：首先是生产资料所有制，也就是根本的产权制度；其次是具体的产权制度，它是所有制的具体表现或实现形式；最后是资源配置的调节机制（吴宣恭，2000）。

诺思依据制度的形式将制度划分为由社会认可的非正式约束（制度）、国家规定的正式约束（制度）和实施机制三部分，该方法为大多数经济学家所接受（诺思，2011）。非正式制度是文化的一部分，来自社会所传达的信息。诺思常用非正式制度来表述那些对人的行为不成文的限制，是与法律等正式制度相对的概念，指人们在长期的社会生活中逐步形成的习俗习惯、文化传统、伦理道德、价值观念、意识形态等对人们行为产生非正式约束的一些规则。非正式制度可分成三类：一是对正式制度的扩展、丰富和修改，二是对社会接收行为准则的认可，三是自我实施的行为标准。非正式制度的

---

① 马克思恩格斯选集（第2卷）[M]．人民出版社，1972：8．

产生早于正式制度，正式制度是对非正式制度的逐渐替代。在社会生活中，非正式制度是集体选择的结果，它们的产生带有集体的目的。同时，由于非正式制度的文化特征，往往对正式制度具有强大排斥能力。非正式制度中，意识形态处于核心地位。正式约束与非正式约束之间存在程度上的差异，二者是一个从禁忌（taboos）、习俗（customs）、传统到成文宪法的连续过程。正式规则包括政治（和司法）规则、经济规则和契约。这些不同层次规则——从宪法到成文法、普通法，到具体的内部章程，再到个人契约——界定了约束，从一般性规则到特别界定。诺思认为，在正式制度中，政治规则广泛地界定了政治的科层结构，包括基本的决策结构、日常程序控制的外部特征；经济规则界定产权，包括对财产的使用、从财产获取收入、以及让渡资产或资源的一系列权利；契约包含了专属于交换的某个特定合约的条款。诺斯认为，政治规则决定经济规则，产权在预期收益大于其成本情况下才会产生，且政治规则的有效性是产权有效的关键。如果有明确的政治规则规制着政治当事人的活动，政治的交易成本很低，有效产权就会产生；反之，就会出现无效产权。只有有效的政治规则才能纠正这种扭曲的资源配置。制度构成的第三个部分是实施机制。无论制度是正式的还是非正式的，在其形成之后都面临实施问题。在现实中，制度的实施几乎总是由第三方进行的，这第三方就是政府。因此，一个国家的制度有效与否，不仅与这个国家的正式规则与非正式规则是否完善有关，同时，更与这个国家制度的实施机制是否健全相关联。

威廉姆森（Williamson，2000）在《新制度经济学：回顾与展望》一文中借鉴了诺思正式和非正式制度的划分方法，将制度的构成分为社会或制度分析的四个相互关联的层次，并通过这四个层级说明制度如何兴起和演化（见图 2 - 1）。

由图 2 - 1 可知，第一层级是社会理论嵌入制度，也是制度层级的最高层次，包括非正式制度、习俗、传统、道德和社会规范、宗教以及语言和认知的一些方面。第二层级是基本的制度环境，也是威廉姆森所谓的"博弈的正式规则"，包括正式制度，特别是产权、政治、司法和行政命令等，其中产权安排以及关于管理契约的各种法律法规居于核心地位，这一层级与马克思理论中的生产资料所有制相对应。第一、第二层级也是马克思主要分析的制度问题。第三层级的制度是治理机制，也即威廉姆森所谓的"博弈的玩法"，包括经济运行规制，如合同、交易与经济结构调整治理。第四层级是指短期资源分配制度，在以上四个层级的制度给定的情况下，这一层级的制度实际上指的是经济的日常运行。

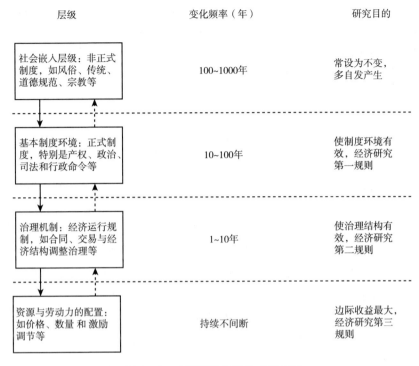

| 层级 | 变化频率（年） | 研究目的 |

社会嵌入层级：非正式制度，如风俗、传统、道德规范、宗教等　　100~1000年　　常设为不变，多自发产生

基本制度环境：正式制度，特别是产权、政治、司法和行政命令等　　10~100年　　使制度环境有效，经济研究第一规则

治理机制：经济运行规制，如合同、交易与经济结构调整治理等　　1~10年　　使治理结构有效，经济研究第二规则

资源与劳动力的配置：如价格、数量和激励调节等　　持续不间断　　边际收益最大，经济研究第三规则

图 2 - 1　威廉姆森制度构成四层级

在威廉姆森的划分方法体系中，不同的学派皆能找到自己所属的相应层级。其中，马克思主义经济学和旧制度学派往往集中在第一和第二制度层级中，而新制度经济学则主要关注第二制度层级中的产权理论和第三制度层级，新古典经济学则位于第四层级。威廉姆森制度体系的划分明确了各种制度研究所处的层级和内在的关系以及各自的研究目标，使纷繁的制度经济学体系豁然开朗。

（二）碳减排制度

目前，在国际社会共同应对气候变化的制度层面，主要有《联合国气候变化框架公约》《京都议定书》和《巴黎协定》三大基础制度，世界各国确认在"共同而有区别责任"的原则下，共同合作应对气候变化问题。其中，《京都议定书》还创造性地规定了三个灵活机制（简称减排机制），分别是第 6 条所确立的公约附件一缔约方之间的联合履约机制（Joint Implementation，JI）、第 12 条所规定的附件一缔约方与附件二缔约方之间的清洁发展机制（Clean

Development Mechanism, CDM) 和第 17 条所规定的附件 一缔约方之间的排放贸易机制（International Emission Trading, IET）。《京都议定书》三机制的共同特点是"境外减排"，而非在本国实施减排行动，实质是在全球范围内寻求最低的减排成本和路径。在具体政策方面，政府间气候变化专门委员会（IPCC, 2007）第四次评估报告中第三工作组的报告介绍了一系列国家政策、措施和行政干预手段，主要包括规章制度和标准、税收和收费制度、可交易许可证制度、补贴和税收减免、自愿协议、信息手段（如宣传活动）、研发和示范、自愿行动、研发（R&D）贸易和发展援助，以及一些虽不是直接和减少排放有关但对气候变化有重要影响的非气候政策。在实践中，这些政策很少完全单独使用，而是和国家其他相关政策混合如环境、农业、运输、能源等政策混合在一起，有众多的案例证明往往是多种工具综合在一起。对于具体国家而言，这些政策和手段的可适用性取决于本国的环境以及对其互动性的认识，并以本国国情为基础形成了各自的特色，例如美国国内形成了基于自由市场哲学的地方排放交易制度，而欧盟内部形成了总量控制与排放贸易的减排制度（康晓，2018）。

发达国家的碳减排制度主要是基于外部性理论而进行的政策工具选择，其机理是运用制度的约束与激励功能将碳排放的外部性内部化，实质是诱导低碳技术进步，在低碳技术进步的基础上将碳减排配置给减排成本最低的经济单元，从而实现全社会帕累托最优。外部性内部化制度安排种类繁多，划分的方法也不尽相同，阿尔迪、巴雷特和斯塔文斯（Aldy J E, Barrett S, Stavins R N, 2003）将其划分为传统型的命令－控制工具、征收碳税和碳排放总量控制与交易制度三种政策工具；欧洲环境署（European Environment Agency, EEA）2006 年的报告中指出市场型环境政策工具包括税收、收费、补贴和许可证等。琼斯、索弗里斯和劳斯费德思等（Jones N, Sophoulis C M, Iosifides T et al., 2009）按功能将市场型环境政策工具划分为积极的（如补贴）、消极的（环境税、垃圾税）和混合的（如押金－返还系统）三类。国内学者在研究时一般多沿用国外的界定，如郑春芳（2013）则直接以碳税和碳交易权为代表，高阳（2014）在《考虑成本效率的市场型碳减排政策工具与运行机制研究》中直接沿用按命令－控制型、市场激励型（排污收费、排污权交易、污染税和生态补偿等）和自愿参与型划分方法。为此，本书将碳减排制度界定为：约束、引导和规范相关主体以绿色技术进步（创新、扩散和应用）为核心，在生产、流通和消费等环节减少、转化和内部化碳排放及环境污染物的各种规制。

二、中国特色碳减排制度内涵

中国特色碳减排制度的"中国特色"是什么？要回答这个问题，我们必须承认一个事实：那就是中国在碳减排方面有一系列的制度安排。"中国特色社会主义"一词最早是由邓小平同志 1982 年 9 月 1 日由在《中国共产党第十二次全国代表大会开幕词》中提出："把马克思主义的普遍真理同我国的具体实际结合起来，走自己的道路，建设有中国特色的社会主义，这就是我们总结长期历史经验得出的基本结论。"从制度层面来看，邓小平同志提出的"中国特色社会主义"的内涵是：中国特色社会主义仍然是社会主义制度，改革不改变社会主义的根本制度，而是改革阻碍生产力发展和社会主义优越性发挥的各种体制和观念，是社会主义制度的自我完善。中国共产党领导的多党合作制度既吸纳了代表社会不同利益的多元主体参政，又克服了不同利益集团争权夺利、相互倾轧的缺陷，具有极大的制度优越性（翟桂萍和罗嗣威，2020）。中国特色社会主义基本经济制度是公有制为主体、多种所有制经济共同发展；就产权制度特征而言，中国特色社会主义基本经济制度既不同于传统僵化的计划经济体制，更区别于当代西方资本主义市场经济。这一产权安排为在经济运行机制和调控方式上把社会主义制度和市场经济有机结合创造了制度可能（刘伟，2020）。这是社会主义基本经济制度在中国当代国情下的具体化，也是中国改革开放以来马克思主义中国化的最大成果之一。中国的经济活动的主要协调者是政府与市场共同作用，如何处理好政府和市场的关系是经济体制改革的核心问题。从党的十四大提出"使市场在国家宏观调控下对资源配置起基础性作用"到党的十八届三中全会"使市场在资源配置中起决定性作用和更好发挥政府作用"，表明了中国共产党对中国特色社会建设规律认识的一个新突破。

基于上述分析，我们回到中国特色碳减排制度，这里的"中国特色"是相对于资本主义国家碳减排制度而言。习近平同志指出：中国特色社会主义特就特在其道路、理论体系、制度上，特就特在其实现途径、行动指南、根本保障的内在联系上，特就特在这三者统一于中国特色社会主义伟大实践上。[①] 这里的"中国特色"恰是社会主义制度的基本特征。碳减排制度是一种新的制

---

① 习近平在十八届中共中央政治局第一次集体学习时讲话［EB/OL］. 中国政府网，http：//www. gov. cn/ldhd/2012 – 11/19/content_2269332. htm.

度安排，对于国家基本制度而言是一种新嵌入的制度安排，必然要与具体国家社会制度环境相适应。中国共产党领导是中国特色社会主义制度的最大特色，也是中国特色碳减排制度中的最根本特色，这集中体现在中国特色碳减排制度创新理论、制度体系内在关系和中国特色碳减排道路三个层面。

（1）中国特色碳减排制度创新理论是体制论与功能论结合。中国特色碳减排制度创新的理论源泉是马克思主义理论与中国实践相结合的中国特色社会主义理论。就应对气候变化而言，以二氧化碳为主的温室气体排放主要是化石能源（煤炭和石油为主）大规模使用的结果，减少二氧化碳排放应对气候变化具有环境问题和发展问题的双重属性。中国特色社会主义建设面临发展问题与环境问题选择的困境，环境问题和发展问题二者关系的协调随着中国特色社会主义现代化实践拓展和认识深化寻找新的科学定位。"绿水青山就是金山银山"的人与自然和谐共存的发展理念、"能源革命"发展战略等体制变革思想，以及"使市场在资源配置中起决定性作用和更好发挥政府作用"重要判断，是中国特色碳减排制度创综合运用"体制论"和"功能论"的结果。在"十二五"时期，碳排放作为约束性指标纳入了国民经济和社会发展规划，随后《节能环保产业发展规划》《新兴能源产业发展规划》《加快推行合同能源管理促进节能服务业发展的意见》和《发展低碳经济指导意见》等制度相继出台。此外，积极利用市场机制发挥政策工具的功能效应，自 2011 年颁布《关于开展碳排放权交易试点工作的通知》开始，北京、天津、上海、重庆、湖北、广东及深圳碳排放权交易试点相继运行，并于 2017 年 12 月 19 日正式启动全国碳交易体系（发电行业）。这一系列碳减排制度创新实践表明，中国的特色碳减排制度创新理论是"体制论"和"功能论"的结合。

（2）从法治的维度来划分，我国生态环境治理体系由党内法规、党的政策和国家法律三类制度规范构成（陈海嵩，2019）。习近平同志在中央政法工作会议上发表重要讲话指出，党的政策和国家法律都是人民根本意志的反映，在本质上是一致的。党的十八大报告中提出："积极开展节能量、碳排放权、排污权、水权交易试点。加强环境监管，健全生态环境保护责任追究制度和环境损害赔偿制度。"党的十九大报告提出："引导应对气候变化国际合作，成为全球生态文明建设的重要参与者、贡献者、引领者。"在党的政策文件的指引下，《"十三五"控制温室气体排放工作方案》《国家应对气候变化规划（2014～2020)》《国家适应气候变化战略》等重大政策相继出台。党的十八大以来，在立法在形式上，党内法规与国家立法相引导与互补，党中央或国务院发布党内环保法规和政策性文件 20 多件。党的法规和国家立法的引导与互补已成为我国碳减排制度的一大特色。

（3）中国特色碳减排道路的持续性与渐进性统一。由于应对气候变化的历史责任和发展阶段的不同，中国选择了以碳强度方式渐进减排减排方式来体现发展中国家承担"共同而有区别的责任"。从 2009 年《哥本哈根协议》承诺碳强度比 2005 年下降 40%～45% 到 2015 年《巴黎协定》的"国家自主贡献"承诺比 2005 年碳强度下降 60%～65%，尤其是中国承诺到 2030 年左右使二氧化碳排放达到峰值并争取尽早实现。碳强度减排承诺体现了中国碳减排的持续性和渐进性。《中国应对气候变化的政策与行动》2019 年度报告指出，2017 年中国单位国内生产总值（GDP）二氧化碳排放（以下简称碳强度）比 2005 年下降约 46%，已超过 2020 年碳强度下降 40%～45% 的目标；非化石能源占一次能源消费比重达到 13.8%，造林护林任务持续推进，适应气候变化能力不断增强。中国碳减排制度的持续性和渐进性与党的领导是分不开的，党的领导为碳减排制度贯彻执行的持续性提供了保证。从世界主要大国碳减排政策的执行来看，各国碳减排政策执行持续性多与政党轮替有关。如美国两党竞争各自为了政党选举利益，通过差异化的气候政策扩大自己的选民群体，造成了美国在全球合作应对气候变化危机的过程中，扮演了一个行为复杂多变、态度转变剧烈的角色（戚凯，2012）；加拿大同样也因为自由党和保守党的更替拒绝承担减排责任，进而退出《京都议定书》；澳大利亚直到 2007 年共党执政才加入《京都议定书》，目前，在对待《巴黎协定》也是若即若离的态度，其背后都是政党利益使然（王传军，2018）。

三、中国特色碳减排制度创新

前文从中国特色社会主义根本制度环境对中国特色碳减排制度的内涵进行了阐释，但是，对于什么是中国特色碳减排制度及其创新，尚未从一般意义上给予界定。在此，有必要对什么是中国特色碳减排制度及其创新进行回答。

碳减排既是环境问题也是发展问题。在马克思主义理论里，环境问题是人类与自然的关系（生产力）问题并受社会形态（生产关系）的制约。马克思无法预见社会主义国家的环境污染，更不会具体到某一社会主义国家碳减排制度的相关论述。但是，马克思关于环境污染问题的产生是人与自然之间物质代谢断裂理论，可以通过人与自然之间物质代谢进行合理的调节，把它置于人们的共同控制之下的观点，成为后世思考环境问题的重要的视角。

　　从应对气候变化的物质要素来看，引致气候变化的温室气体主要有 CO_2、CH_4、N_2O、HFC_S、PFC_S、SF_6 六类。其中二氧化碳虽然不是导致温室效应最主要的气体，但至少占工业革命以来人类大规模燃烧化石能源排放温室气体的60%。中国的能源禀赋以煤炭为主，中国解决碳排放快速增长的关键是煤炭作为能源利用的技术进步。同时，替代能源如生物能、太阳能、核能同样也是以技术创新和应用为条件的；水能虽然低碳，但受天然地理条件制约，且水电站的前期建设可能对生态环境造成破坏，实质也是技术问题。马克思关于生产力与生产关系的论述用西方经济学的术语表述就是技术进步与制度创新的辩证关系。N. 罗森伯格（1974）认为，马克思比他的同时代学者更深刻地洞见了技术与制度变迁之间的历史关系。而日本马克思主义学者宫本宪一认为现代环境受着经济体制及经济结构的影响而发生变化，同时环境问题的诱因和形态，以及环境政策的确立、发展和衰退都受到政治经济的影响（宫本宪一，2004）。从经济体制而言，改革开放以来，中国经历了由计划经济体制向市场经济体制转变过程，发展的内涵由"经济一元"向经济、政治、文化、社会和生态"五位一体"总体布局转变。体制的改革是制度深层次的变革，碳减排作为一种新的制度安排嵌入原有的经济体制，需要制度安排与制度环境相容相兼。因此，中国特色碳减排制度不仅包括制度安排还应该包括制度环境。

　　制度是"游戏规则"，碳减排制度是一种减少碳排放的游戏规则，是经济单元的减少碳排放的游戏规则。这里的经济单元既包括人，也包括诸如企业的经济组织等。企业是社会经济生产活动的组织者，在我国能源禀赋以煤为主的能源结构下，企业尤其是能源企业是主要的碳排放者。企业运作机制是市场，低碳技术的研发、新能源、新设备的购置都与企业的运营成本有关。因此对企业而言，市场导向是企业减排的最大动力，市场化运作是企业碳减排的最重要机制。社会组织和公众包括社会群体和个人，他们与碳排放有着直接或间接的关系，是低碳意识的推动者，也是碳减排的最终受益者。社会组织和公众的能源消费观念和应对气候变化意识对碳减排行动的顺利开展具有重大意义，具体表现在：一是通过改变与能源相关的消费行为习惯或改进行为技术从而降低单位产值能耗（即提高能效）和二氧化碳排放而实现减排；二是通过选择优质清洁能源或清洁节能型产品（即提高能质）使用实现碳减排。社会组织和公众的有效参与是企业发展低碳技术的社会环境和市场环境，也是中国向低碳经济转型的社会基础。从制度构成来讲，中国特色碳减排制度还应当包括实施机制。实施机制是指有一种社会组织或机构对违反制度（规则）的人进行相应惩罚或奖励，从而使这些约束或激励得以实施的条件和手段的总称（樊纲，1996）。实施机制是既有制度的实施和执行，对于制度功能与绩效的发挥是至关重要的。从中国碳减排制度的经济单元来看，碳减排经济单元包括政府（地方政府）、企业、社会组织和公众等主体。从政府角色来讲，可以分为中央政府和地方政府，中央政府既是碳减排承诺者又是社会经济发展的实际主导者。大气环境是全人类的公共产品，大气环境改善是全人类共同的福利，具有受益的非排他性、消费的非竞争性和效用的不可分割性。中央政府是最高国家行政机关，行使国家职能包括制度的供给、产权界定与保护、制度的实施和不同利益集团利益矛盾的平衡。因此，中国的碳减排必然需要政府来主导。政府主导并不是事无巨细地参与碳减排的各个环节，而是通过政府主导制度供给和实施，通过体制改革和政策引导支持激励企业（市场主体）、社会组织和公众（社会主体）参与碳减排的各个环节，减少碳排放。不仅如此，政府应当统筹推进碳减排的各个环节，减少市场主体和社会主体的参与障碍。至此，我们可以从"规则"视角给中国特色碳减排制度下一个定义：即政府（地方政府）、企业、社会组织和公众等主体在生产、分配、交换、消费整个社会生产过程中促进低碳技术进步和低碳能源应用以减少碳排放的各种行为规则的总和。

前文对制度创新已有定义，即社会规范体系的选择、创造、新建和优化的通称，包括制度的调整、完善、改革和更替等。显然，应对全球气候变暖已有一般的科学认知上升到全球共同行动。减少碳排放、实行低碳发展已成为国际社会规范体系的新选择、新创造、新建和优化，中国作为新兴的全球碳排放国，全球变暖对中国的危害也巨大，中国有义务也有必要进行碳减排。另外，国内生态环境问题日突出，也迫使中国改变发展方式，减少对化石能源的大规模使用。这是客观环境，中国必须要有碳减排制度安排。2006年12月，国务院国资委出台《关于推进国有资本调整和国有企业重组的指导意见》。根据国资委的部署，电网电力、石油石化和煤炭，属于国有经济应对关系国家安全和国民经济命脉的重要行业和关键领域保持绝对控制力的7大行业范畴。国有制能源企业与市场协调之间弱联系可能造成市场化碳减排制度的失灵（科尔奈，1990）。同时，党的十八大将生态文明建设纳入"五位一体"中国特色社会主义总布局，要求"把生态文明建设放在突出地位，融入经济建设、政治建设、文化建设和社会建设各方面和全过程。"随着新时代社会主要矛盾的转化，新的发展理念出现并演变为制度是逐步层层深入的推进过程。

第三节 中国特色碳减排制度生成机理

一、意识形态（认知）与制度演化的一般模型

"意识形态"（ideology）一词由法国哲学家、政治家安托万·德斯蒂·德·特拉西（Antoine Destutt de Tracy, 1754～1836）在1817～1818年所出版的五卷本的 Eléments d'idéologie（现在译作《意识形态原理》）一书中最早创立。据韦森（2019）考证，"ideology"这个词本身并不含有"形态"的意思，而是一套"观念"，应译作"社会观念（体系）"，国内过往的翻译有"社会思想""观念""观念形态""观念体系""思想体系"等，而之所以译作"意识形态"主要是源自郭沫若1938年11月马克思和恩格斯的 Die Deutsche Ideologie 这部著作的中译本，出版时最后把书名定作为《德意志意识形态》。此后，"意识形态"的提法已被广泛接受，成了当代中国社会科学理论中的一个重要术语。长期以来，意识形态一直是马克思社会制度变迁的重要研究内容。意识形态与经济基础之间是作用与反作用的相互关系，意识形态既能促进也会阻碍经济发展，而先进的意识形态对经济发展的发展起积极的促进作用。这是意识形态相对独立性的最突出表现。

马克思恩格斯阐明了意识形态在社会制度变迁中的作用，但是，马克思并未严格界定"意识形态"一词的内涵，也没有阐明意识形态与经济基础之间究竟通过何种机制发挥作用，即经济基础如何作用于意识形态，而意识形态又如何作出反应，更没有在经济学范畴将二者结合起来。在详细描述长期变迁的各种现存理论中，马克思的分析框架是最有说服力的，这是因为它包括了新古典分析框架所遗漏的所有因素：制度、产权、国家和意识形态（诺思，2013）。

诺思借鉴了马克思的方法将意识形态（认知）因素引入制度与经济绩效的分析框架，形成了产权、国家和意识形态"三位一体"的制度变迁理论或经济绩效理论。诺思认为意识形态是使个人和集团行为范式合乎理性的智力成果（诺思，2013），认为意识形态（认知）可以解释"搭便车"问题和多元利益集团及立法者的行为问题，强调意识形态的经济功能。诺思通过引入共享心智模式（shared mental model）构建了制度演化的一般模型：一个社会的非正式制度是在人类自发的互动过程中形成和变化的；正式制度是外在强加给共同

体的，它是统治者之间关系相互演化的结果。制度变迁的路径首先从认知层面开始，经过制度层面，最后达到经济层面。诺思认为制度变迁和创新的主体是个人、团体和政府。制度的安排有"个人安排"，也有来自团体的"自愿的安排"，还有来自"政府的安排"（科斯、阿尔钦、诺思等，1994）。其中，决定制度变迁的路径取决于两种情景：一是由制度和从制度激励的结构中演化出来的组织之间的共生关系（symbiotic）而产生的锁入（lock-in）效应，二是人类对机会集合变化的感知和反应所组成的回馈过程（feedback process）（诺思，2011）。虽然诺思的意识形态制度变迁理论与马克思意识形态制度变迁理论研究的视角和取材不同，但是，在意识形态经济功能、承担主体与实现路径等方面，新制度经济学意识形态理论与马克思主义意识形态理论与存在契合与互补（魏崇辉，2011）。

二、中国社会主义制度创新的动力探索

社会主义初级阶段的基本国情，不仅是中国特色社会主义理论之基础，同时也是其他理论形成和实践的基本依据。但是，在经济学界，学者们对中国特色社会主义制度创新的动力源泉、机制和原因研究尚未达成共识。

目前，从现有文献来看，主要存在增量改革论（樊纲，1993）、强制性制度变迁和诱致性制度变迁理论（林毅夫，2000）、中间扩散型制度变迁方式论或分权论（杨瑞龙，1998）、演化论（周业安，2000）抑或路径分岔论（邓宏图，2004）。增量改革论认为新的、有效率的资源配置方式和激励机制不可能在所有经济领域起作用，而是在那些率先进行改革的部门的国民收入新增部分和那些改革后发展起来的部门先行发挥作用（林毅夫、蔡昉、李周，1994）。由于增量改革方式比较容易协调各种利益关系从而实现改革过程的帕累托改进（樊纲，1993）。但是，增量改革论只是部分解释制度变迁。因为增量改革并不能脱离存量即国有经济而单独进行，增量改革与存量改革实质上存在既竞争又互补的关系。强制性制度变迁亦即政府主导论，认为通过政府来供给新制度安排实现制度变革；诱致性制度变迁就是交易观，即制度变革是经济活动中各当事人面临获利机会而自发从事制度创新。强制性制度变迁和诱致性制度变迁理论是林毅夫（1994）的观点。这两种制度变迁模型都无法完全揭示制度变迁的全貌，强制性制度变迁忽略了社会成员的自发制度创新行为，因而得不到证据的支持；而诱致性制度变迁又忽视了政府的积极作用（周业安，2000）。中间扩散型制度变迁方式或分权论指出我国在改革之初选择的是供给主导型

制度变迁方式。"演化论"以周业安和邓宏图为代表。周业安认为中国的改革过程交织着政府选择外部规则和社会成员选择内部规则的双重秩序演化路径，这两种规则之间的冲突与协调贯穿整个制度变迁过程。邓宏图（2004）通过引进历史逻辑起点、生产率竞赛、制度互补等关键概念，解释在转轨时期，由地方政府意识形态偏好决定其民营经济政策进而影响民营企业形成对未来的预期，导致不同地区民营企业选择不同的企业治理结构，最终不同地区的制度变迁也就呈现出路径分岔的状态。上述的研究在相当程度上描绘了中国经济体制的转轨过程，也为学者们对中国碳排放进行制度因素分析提供了视角。

在现有的文献中，学者们分别从"财政分权""环境分权"、演化论等视角分析中国碳排放的产生机理。"财政分权"论认为，由于分税制改革，中央政府上收财权下放事权造成了地方政府财权和事权的不对等。地方政府为增加地方财政收入会较多干预企业生产从而会放松对利税来源较高企业的能耗或碳排放的约束；同时，地方政府也会因为财政压力而推动房地产和地方政府的基础设施建设，形成大量的碳排放（田建国和王玉海，2018）。

制度演化论从意识层面、社会和文化的基础制度层面、治理机制和资源分配制度层面等对碳减排制度进行了探索。（1）从意识层面来看，中国应对全球气候变化的认知源于改革开放以来与全球的接轨，从国家层面来看，应对气候变化的认知转变经历了灾害防范、科学参与、权益维护、发展协同和贡献引领5个阶段（潘家华和张莹，2018），而企业、居民的低碳意识处于一般水平，且存在"知行不一"（许光清和董小琦，2018；王凤和刘娜，2019）。（2）在社会和文化的基础制度层面，一些学者以系统论为理论基础，主张把政府的主导作用和市场的驱动作用结合起来（王军，2010），认为应从法律（田丹宇，2018）、政策（包括财政、税收、产业以及管理、市场、价格、金融政策）等方面进行制度创新（张同斌、周县华和刘巧红，2018；周雄勇、许志端和郗永勤，2018）并增强制度间的协同性，以发挥制度体系的放大效应（牛桂敏，2011），或形成政策链范式，破解中国的碳锁定（李武军、黄炳南，2010；李平，2018）。（3）在治理机制层面，已经从早期呼吁进行市场化碳税、碳交易市场等碳减排制度安排（曹静，2009；曲如晓和吴洁，2009；何建坤、周剑和刘滨等，2010；林伯强，2012）转向碳交易权市场化政策能否实现环境红利等政策有效性的研究（黄向岚、张训常和刘晔，2018）、限额交易与碳税这两个政策工具的优劣及公共环境治理条件下减排政策工具的选择（张涛和任保平，2019）。

国外学者较早地把中国能源政策与碳排放进行结合研究。从目前收集到的文献来看，钱德勒（Chandler W U，1988）以中国为例，对中国碳排放控制战略进行评估，他运用 Edmonds-Reilly 能源经济模型将中国最初的减排措施（如计划生育政策（人口因素）、含碳能源税、强制或通过技术提高能源效率政策组合）和收入水平（包括2000年、2025年、2050年和2075年四个时段）进行情景模拟分析，得出能源效率提高能显著地降低中国的碳排放，同时提高中国的人均收入。1988年中国的碳排放约为550兆吨，约占世界总量的10%，但煤炭释放碳总量约为450兆吨。有学者认为由于中国能源使用和碳排放受中国高速的工业化和年均1500万新增就业人口需求所驱使，除非降低经济增长率，否则能源需求和碳排放还会增长；预测中国在1990~2020年排放全球温室气体的1/3（Manne and Schrattenholzer，1989）。在应对措施方面，多数分析者相信节能是至关重要的，节能也是打破环境僵局减缓气候变暖的关键（Goldemberg et al.，1987；Keepin and Kats，1988；Kats，1990）。张中祥（Zhongxiang Zhang Z X，2000a；2000b）通过中国能源政策变化进行系统梳理，并结合《京都议定书》给出中国应对碳减排的六项策略。其中包括取消能源补贴，提高能源利用效率，推广可再生能源，增加对环境友好型和有利于煤炭技术的研发（R&D）投入，并建议中国可就2020年前后能源消费总量或总单位国内生产总值温室气体排放量做出的自愿承诺，并且认为碳强度好于能耗强度可先就某一特定的部门作出自愿承诺排放上限或就某一特定部门的排放上限提供一个碳排放强度组合目标。

国内研究可以分为两个阶段。1978年改革开放之初至2005年在市场化成为普遍的制度选择方向之后，市场在资源配置中逐渐起到了基础性作用，这种"路径依赖"也蔓延到能源体制改革领域（李晓辉，2013），鉴于能源短缺是经济发展的主要障碍之一（林伯强，2001），学者们研究的重点主要是通过能源（石油、煤炭和电力）市场化调动生产者积极性进而提高产量满足经济建设需求。2005年国际可再生能源大会在北京召开，国家主席的胡锦涛同志给2005北京国际可再生能源大会的致辞中指出，可再生能源丰富、清洁，可永续利用。加强可再生能源开发利用，是应对日益严重的能源和环境问题的必由之路，也是人类社会实现可持续发展的必由之路。2006年1月1日，中国正式实施《可再生能源法》，这是中国能源配置制度的一大变化。如何在竞争性市场结构的安排下保障能源安全的目标，又成为中国面临的一个难题。越来越多的专家学者开始关注并从事于中国能源与环境经济研究（陈诗一和林伯强，2019）。

以上文献总体上反映了中国特色社会主义市场经济制度变迁以及在特定制度环境下碳排放的制度因素，为中国特色碳减排制度生成机理的梳理提供了多维的视角。中国对全球性气候变化的认知是在协调经济发展与环境保护二者矛盾及其转化中逐步生成的，是一个由意识层面向基本制度、经济制度和资源配置制度逐步演化的历程。

三、低碳（环境）认知与制度演化及经济绩效理论

在马克思主义基本原理指导下，结合新制度经济学制度演化层次诺思的认知与经济绩效理论，可以从时间维度来阐明中国特色碳减排制度的生成机理。

从时间维度来看，中国改革开放和经济转型是一个协调经济发展与生态环境二者矛盾关系及其转化的过程，形成了中国特色碳减排制度演变的轨迹，即"现实的变化——理念的变化——制度安排——体制改革——结果（被改变了的现实）"（见图 2 - 2）。

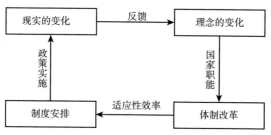

图 2 - 2   意识形态与制度创新、体制变革的关系

资料来源：根据诺思的共享心智模式相关理论绘制。制度变迁包括体制改革与制度安排。参考：刘和旺．诺斯的制度与经济绩效理论研究——兼与马克思制度分析之比较［M］．中国经济出版社，2010：202．

中国改革开放和经济转型的历史逻辑起点在于《实践是检验整理的唯一标准》一文引发的真理标准问题的大讨论，以邓小平同志为主要代表的党和国家领导集体根据新的实际和历史经验，坚持实事求是的思想路线，对社会主义进行重新理解、重新认识。在"贫穷不是社会主义，发展太慢也不是社会主义""社会主义的本质是富裕，是在生产力迅速发展基础上人民生活水平的不断提高和共同富裕"的认知下，确立了坚持党在社会主义初级阶段的基本路线 100 年不动摇，关键是坚持以经济建设为中心不动摇。经济建设为中心的发展理念需要通过制度来实现对生产资源的配置。为了激励生产者的积极性，市场化制度成为追求经济绩效的制度选择，市场在我国资源配置中逐

渐起到了基础性作用。同时，为了更好地实现市场制度对经济的调节，我国对国有所有制结构进行了改革，形成了以公有制为主导多种所有制共同发展的基本经济制度。这是我国经济绩效显著的重要制度因素。随着中国经济发展规模越来越高，资源的消耗也越来越多，环境问题开始日益显现。煤炭的大规模使用产生了大量的有害物质和碳排放，使得经济发展与生态环境之间的矛盾开始日益显现。与此同时，全球变暖被认为是人为因素作用结果的事实越来越得到确认（见图2-3）。这些现实变化反映到人们的环境认知里，在认知的反作用下，运用国家职能进行体制变革和制度安排来调节人们的行为。

图2-3　环境认知、制度与经济绩效之间关系

资料来源：刘和旺．诺斯的制度与经济绩效理论研究——兼与马克思制度分析之比较［M］．中国经济出版社，2010：208．

　　由于大气污染产生机制与经济增长存在共生关系，而如何应对环境和气候变化问题，人们的思维一般是由"果"来推"因"，这里经济绩效是追求的"果"。经济绩效是由社会的激励结构决定的，激励结构是由制度决定的；而制度又是意识形态（认知）的产物，或者说至少反映了能够影响意识形态形成和和维系何种意识形态。随着环境问题的凸出和环境认知的加深，环境问题逐步得到重视。中国经济发展理念也由高速增长向高质量转变，体现为经济绩效由"量"的扩张转向"质"的升华。如此反复，在下一轮的反馈和认知中发展理念逐步得到了改变，不再是"经济一元"中心，而是在经济发展与环境保护方向逐步向环境倾斜。随着社会主要矛盾转化为人民日益增长的对美好生活需要与发展不平衡不充分之间的矛盾，这一"现实"的变化反映到党的发展理念里，明确为生态优先绿色低碳发展转化。由此，中国特色碳减排制度也就在经济发展与环境保护二者矛盾对立转向经济发展与环境保护的统一。

　　随着环境问题的凸显和环境认知的加深，环境问题逐步得到重视。如此反复，在下一轮的反馈和认知中发展理念逐步改变。随着社会主要矛盾转化为人民日益增长的对美好生活需要与发展不平衡不充分之间的矛盾，发展理念也向生态优先绿色低碳发展转化。由此，中国特色碳减排制度也就在经济发展与环境保护二者矛盾及其转化的过程中逐步生成和发展。

第四节　中国特色碳减排制度体系特征

改革开放以来，伴随着我国经济发展和社会主要矛盾的发展、转化，中国特色碳减排制度由气候变化科学认知向党的文件、国家政策、法律制度和产业政策逐步演化，形成了中国特色的碳减排制度体系。

一、中国特色的碳减排制度体系

在应对能源安全、环境约束和气候变化等问题的过程中，关于气候变化的科学认知在党的政策、国家政策和法律制度逐步体现，形成了具有中国特色的生态环境治理体系。

（一）党的政策

2007 年，党的十七大报告《高举中国特色社会主义伟大旗帜，为夺取全面建设小康社会新胜利而奋斗》中提出"加强应对气候变化能力建设，为保护全球气候作出新贡献。"2012 年，党的十八大报告《坚定不移沿着中国特色社会主义道路前进 为全面建成小康社会而奋斗》中提出了将"生态文明建设"纳入总体布局，"着力推进绿色发展、循环发展、低碳发展""积极开展节能量、碳排放权、排污权、水权交易试点"的生态文明制度建设等。2017 年，党的十九大报告《决胜全面建成小康社会　夺取新时代中国特色社会主义伟大胜利》中提出"引导应对气候变化国际合作，成为全球生态文明建设的重要参与者、贡献者、引领者。"党的报告成为引领应对气候变化的政策制度建设的直接依据。尤其是以人类命运共同体和人与自然和谐共存为指导思想，进行了一系列碳减排制度创新，2014 年中美两国元首宣布了《中美气候变化联合声明》，并于 2016 年正式加入《巴黎协定》，为 2020 年后全球应对气候变化行动作出安排。此外，出台了《国家适应气候变化战略》（2013）、《国家应对气候变化规划（2014 – 2020 年）》（2014）、《能源生产和消费革命战略（2016 – 2030）》（2017）。

（二）应对气候变化的公共管理规范性文件

党的十八大之前，我国的环境政策的制定主体是行政部门（国务院），颁布了《国务院关于"十一五"期间各地区单位生产总值能源消耗降低指标计划的批复》《国务院关于"十一五"期间全国主要污染物排放总量控制计划的批复》《"十一五"期间全国主要污染物排放总量控制计划》《"十一五"期间各地区单位生产总值能源消耗降低指标计划》《节能减排综合性工作方案》《国务院关于印发节能减排综合性工作方案的通知》《国务院关于成立国家应对气候变化及节能减排工作领导小组的通知》《国务院关于印发"十二五"节能减排综合性工作方案的通知》《国务院关于印发"十二五"控制温室气体排放工作方案的通知》《国务院批转节能减排统计监测及考核实施方案和办法的通知》《国务院关于印发节能减排综合性工作方案的通知》和《"十二五"节能减排综合性工作方案》《"十二五"控制温室气体排放工作方案》等。这些文件将规划期间节能减排工作制度化了，并以国家机构为主体实施。党的十八大之后，以"中共中央、国务院的名义联合印发"或中共中央办公厅、国务院办公厅的"党政联合发文"成为政策文件的主要形式，体现了党的大气环境治理意志。出台了《关于加快推进生态文明建设的意见》《生态文明体制改革总体方案》《关于全面加强生态环境保护、坚决打好污染防治攻坚战的意见》《生态文明建设目标评价考核办法》《大气污染防治行动计划》（2013），《2014—2015年节能减排低碳发展行动方案》（2014）、《国家应对气候变化规划（2014—2020年)》（2014）等文件。"十三五"期间，出台了《"十三五"控制温室气体排放工作方案》（2016）、《控制污染物排放许可制实施方案》（2016）、《"十三五"节能减排综合工作方案》（2016）、《"十三五"生态环境保护规划》（2016）、《生态文明建设目标评价考核办法》（2016）、《湿地保护修复制度方案》（2016）、《关于建立统一的绿色产品标准、认证、标识体系的意见》（2016）、《关于健全生态保护补偿机制的意见》（2016）、《关于建立资源环境承载能力监测预警长效机制的若干意见》（2017）、《国家生态文明试验区（江西）实施方案》（2017）、《国家生态文明试验区（贵州）实施方案》（2017）、《生态环境损害赔偿制度改革方案》（2017）、《打赢蓝天保卫战三年行动计划》（2018）、《全面加强生态环境保护坚决打好污染防治攻坚战的意见》（2018）、《关于建立以国家公园为主体的自然保护地体系的指导意见》（2019）、《中央生态环境保护督察工作规定》（2019）、《关于支持深圳建设中国特色社会主义先行示范区的意见》（2019）、《国家生态文明试验区（海南）实施方案》，等等。

（3）产业发展政策措施层面。《中国节能产品认证管理办法》（2012年）、《碳排放权交易管理暂行办法》（2014）和《全国碳排放权交易市场建设方案（发电行业）》《关于创新体制机制推进农业绿色发展的意见》（2017）、《关于加强核电标准化工作的指导意见》（2018）、《交通强国建设纲要》（2019）、《天然林保护修复制度方案》（2019）等文件。

（三）生态文明协调发展纳入宪法和法律法规层面

生态文明是人类遵循人、自然、社会和谐发展这一客观规律而取得的物质与精神成果。为促进人与自然和谐的发展，中国共产党将生态文明纳入"五位一体"总体布局。并对以《中华人民共和国宪法修正案》（2018）为代表的相关法律法规进行了修正和修订。我国宪法第 26 条规定："国家保护和改善生活环境和生态环境，防治污染和其他公害。国家组织和鼓励植树造林，保护林木。"《宪法》关于保护和改善环境、防治污染和其他公害的规定，对温室气体的排放限制产生积极作用，而植树造林则对减少温室气体排放具有直接和重大的促进作用。《宪法》的规定，为以《中华人民共和国大气污染防治法》《中华人民共和国节约能源法》和《中华人民共和国环境保护法》等节能减排相关法律出台提供了法理基础，形成了以《中华人民共和国节约能源法》《中华人民共和国大气污染防治法》和《中华人民共和国环境保护法》等为核心的法律规范制度体系。

2014 年 4 月修订的《中华人民共和国环境保护法》中第六条规定"公民应当采取低碳、节俭的生活方式"，标志着"低碳"首次进入法律条款。另外，《海洋环境保护法》《水污染防治法》《循环经济促进法》的出台和《可再生能源法》《水土保持法》《海岛保护法》《清洁生产促进法》等相关法律的修订，均就有关节能减排作出了规定。

二、碳减排制度手段逐渐丰富、覆盖范围日益广泛

自改革开放至今，我国的碳减排制度日益丰富，在内容上由最初的单一节能规制向节能减排规制并行发展；制度手段也从主要用行政办法转变为综合运用法律、经济、技术和必要的行政办法解决节能减排问题，形成了一系列的管制制度和法律法规制度。此外，调节制度也获得了充分的发展，调节制度即可通过政治体制也可通过经济体制产生作用。通过行政体制进行调节的相关制度，如 1979 年，国务院转发《关于提高我国能源利用效率的几个问题的通知》、1986 年的《节约能源管理暂行条例》、1987 年《关于实施〈民用建筑节能设计标准（采暖居住建筑部分）〉的通知》与《企业节能管理升级（定级）暂行规定》、1999 年《中国节能产品认证管理办法》与《重点用能单位节能

管理办法》、2005 年《关于发展节能省地型住宅和公共建筑的指导意见》等。经济体制调解制度是借助市场量运用经济激励政策，改变与当事人有关的成本或收益，通过采取鼓励性或限制性措施，如采用收费、提供补贴、实行差别税收等，促使生产者或消费者减少碳排放，达到节能减排的目的。如 20 世纪 80 年代，我国对节能基建投资，最初为财政拨款，1983 年将拨款改为低息贷款，年息只有 2.4%，而当时一般的商业贷款年利率为 5% 左右，即所谓的"拨改贷"资金。积极利用税收政策引导人们消费，例如，1994 年《中华人民共和国消费税暂行条例》设置汽车消费税，调节产品结构，引导消费方向，逐步实现以利益诱导方式引导人们节能减排。最引人注目的是碳减排市场手段调节制度。2017 年 12 月 19 日，经过近 6 年的准备，中国全国性的碳交易市场建设正式开始运行。以北京碳排放权交易市场为例，自 2013 年 11 月 28 日北京碳交易试点正式开市至 2018 年底，北京市碳排放权配额共成交 2907 万吨，成交额 10.49 亿元，其中仅 2018 年碳市场累计成交碳配额 894.73 万吨，林业碳汇累计成交 16.5 万吨，成交额 476 万元。参与交易的单位超过 1000 家（程晖，2019）。

倡导合作制度的发展。倡导合作制度主要是采用教育、信息传播、培训等方式以及社会压力、协商和其他方法，把节能减排意识和责任内生化于决策者的个人偏好中，从而改变决策者的观念和优先序列，以影响个人决策。如 1979 年国家经委决定把每年 11 月定为"节能月"；《"1994 年全国节能宣传周"活动安排意见》决定于 1994 年 10 月 3 日至 8 日开展"1994 年全国节能宣传周"活动。2003 年《关于 2003 年全国节能宣传周活动安排的通知》举办"2003 年全国节能宣传周"活动，该全国节能宣传周的主题定为"节能与全面建设小康社会"。

民间环保组织也是自愿合作制度的一种形式，我国民间环保组织制度已经日趋成熟。目前我国环保民间组织分 4 种类型：（1）政府部门发起成立的环保民间组织，如中华环保基金会、中国环境文化促进会，中华环保联合会、各地环境科学学会、野生动物保护协会、环保产业协会等；（2）由民间自发组成的环保民间组织以非营利方式从事环保活动的其他民间机构，如地球村、自然之友等；（3）学生环保社团及其联合体，包括多个学校环保社团联合体、学校内部的环保社团等；（4）国际环保民间组织驻华机构。民间环保组织在我国环境保护和节能减排中发挥了重要作用，如 2003 年的"怒江水电之争"和 2005 年的"26 度空调"行动，都为实现环境与经济协调发展作出了贡献。另外，自愿减排（voluntary emission reductions，VERs）市场是近一两年新兴的碳排放权交易市场，是清洁发展机制（CDM）体系之外的减排类型。VERs 按照联合国制定的 CDM 项目方法来开发和实施，遵守《京都议定书》建立相应的 CERs 碳汇市场规则。该项目主要是为那些不能通过 CDM 获得资金的项目或者已经通过 CDM 认证但是在注册之前已经产生减排量的项目提供融资渠道。截至 2018 年 12 月，北京碳交易市场核证自愿减排量交易达 2214 万吨，成交额 1.4 亿元。

总之，中国碳减排制度的覆盖领域已经从最初的工业向建筑、交通等产业扩散，从生产领域向家庭消费领域延伸，从国内商品向出口商品覆盖，从大陆向沿海拓展，形成了一个全面立体化的全覆盖态势。

三、碳减排制度结构发展不平衡、市场化制度发展不充分

中国与碳减排相关的现代环境保护法规制度建设起步较晚，从 1972 年中国政府代表团参加联合国第一次人类环境会议（斯德哥尔摩会议）算起，至今不过 50 年，初步形成了中国特色的碳减排制度体系和丰富的减排政策工具，发展的速度不可谓不快，但就具体内容而言，各部分的发展完善程度不一。从碳减排制度构成来看，在直接管制制度方面初步形成了以《节能法》和《中华人民共和国大气污染防治法》为基础和节能减排相关制度体系，但在运用经济体制进行调节的制度和倡导合作制度里自愿减排制度方面发展缓慢。

在调节制度方面，按调节基于不同体制可分为行政调节和市场调节。由上文的分析可知，政府多是通过行政力量进行调节，通过颁布一些政策、法令、管理办法等方式进行调节；而运用市场力量的经济激励制度较少。以企业所得税为例，《企业所得税法实施条例》的第二十七条、第三十三条第三十四条等对环境保护、节能节水、资源综合利用以及安全生产、促进技术创新和科技进步，制定了明确的优惠政策，明确了国家对促进低碳经济发展的产业活动给予税收优惠，并运用税收等措施鼓励进口先进的节能减排等技术、设备，限制在生产过程中耗能高、污染重的产品的出口等。但目前的税收政策对碳减排的支持力度仍较弱，表现为：第一，政策分散，难以形成激励合力。现行税制中促进低碳减排政策主要分散于各税种的税收优惠政策中；第二是缺乏专门的控制型税种对产生负外部影响的企业或行为进行调控。

倡导合作制度主要是采用教育、信息传播、培训等方式以及社会压力、协商和其他形式的"道德说教"方法，把节能减排意识和责任内生化于决策者

的个人偏好中，从而改变决策者的观念和优先序列，影响个人决策。为了规范和引导消费主体的自愿减排行为，2012 年 6 月 13 日，国家发展改革委印发《温室气体自愿减排交易管理暂行办法》（以下简称《暂行办法》）。截至 2017 年 3 月 15 日，提交审定的项目 2871 个，成功备案项目 861 个，减排量备案项目达 254 个，产生了 5300 万吨减排量。但是，从 2015 年 7 个试点省市排放量的履约情况来看，7 省市配额发放总量约为 12 亿吨，至 2016 年，用于抵消的自愿减排数量不到 800 万吨，仅占配额总量的比例约为 0.67%，远低于各地试点抵消管理办法中规定的 5%～10% 的比例，以致国家发改委于 2017 年 3 月 17 日暂停了温室气体自愿减排项目备案申请的受理。这里，自愿减排制度未能达到预想效果并不是自愿碳减排不好，而是我国的国情所致，一方面，人们生活水平的提高对于能源的消费存在刚性需求，例如，2018 年，我国人均能源消费量达到 2.85 吨标准煤，虽已高于世界人均水平的 2.24 吨标准煤，但不到美国（8.67 吨标准煤）的 30%，而最早倡导低碳经济的英国和日本分比为 3.56 吨和 4.40 吨标准煤；另一方面，我国的能源结构中煤炭占据了 58.25% 的比例，在煤炭清洁技术未能突破之前，碳减排"光靠企业的善意，很难有什么结果"。[①]

　　碳排放交易市场潜力大，制度发展仍不充分。我国的碳排放交易制度自 2010 年提出以来，2011 年确认 7 个试点省市、2013 年深圳碳排放权交易平台率先启动至 2017 年 12 月《全国碳排放权交易市场建设方案（发电行业）》出台，标志着全国统一碳排放交易市场成立。截至 2018 年底，经过 5 年试点以及 1 年全国性交易，我国碳排放交易量累计接近 8 亿吨，其中，交易量最多的是湖北碳排放交易所，达到 3.3 亿吨，占比 42.14%；其次是上海碳排放交易所，交易量为 1.9 亿吨，占比 24.51%；其余碳排放交易所占比分别为：广东碳排放交易所（11.07%）、北京碳排放交易所（7.78%）、重庆碳排放交易所（3.05%）、福建碳排放交易所（1.31%）、天津碳排放交易所（0.85%）。[②] 根据前文排污权交易机理可知，国家碳排放总量确定，政府对不同企业进行排放额分配，企业根据各自的减排成本确定自己排放额，超出配额的部分会在市场上购买配额，不足部分会售出，以此形成交易，通过价格机制，引导碳排放交易市场运行。据国家发改委初步估计，从长期来看，300 元/吨的碳价

---

　　① ［日］岩佐茂. 环境的思想——环境保护与马克思主义结合处［M］. 韩立新，张桂权，刘荣华等，译. 中央编译出版社，2006：31.

　　② 前瞻产业研究院. 我国碳交易市场规模有超过 10 倍的发展空间［EB/OL］. 中国天气网，http://www.weather.com.cn/anhui/tqyw/01/3050505.shtml.

是真正能够发挥低碳绿色引导作用的价格标准，而目前我国主要的几个碳交易所的平均成交价仅为 22 元/吨，其中最高的是北京碳排放交易所，也仅达到 52.72 元/吨。按照发改委所估计的标准，我国碳交易市场规模还有超过 10 倍的发展空间。从制度创新来看，我国碳排放交易体系法律基础、交易基础和监管机制依然薄弱，天津碳市场近年来极低的活跃度也揭示出碳排放交易机制并未正常运行（李雅琦等，2018）。

第三章　中国特色碳减排制度变迁的多重逻辑分析与绩效考察

在协调经济发展与环境保护的进程中，中国特色碳减排制度变迁受其所处场域的制度逻辑制约，其演进与变迁的轨迹和方向取决于参与其中的多重制度逻辑及其相互作用。在经济优先的发展理念下，碳基技术与制度综合体形成，现代化进入碳锁定状态。本章在"绩效是指行为和结果"概念下，考察了2005年以来的中国省际碳减排绩效，结果显示：总体上我国碳减排绩效整体性较优，但省际差异较大，随着2030年总量减排时刻的到来，中国特色碳减排制度亟须创新。

第一节　中国特色碳减排制度变迁的多重逻辑理论框架

一、制度过程与组织

在第三章第一节中，我们将制度的概念界定为：制度是经济单元的游戏规则，这里"经济单元"就是组织。而在制度经济学早期的研究成果里，很少把组织作为制度形式来处理，也很少研究制度塑造组织的方式。虽然新制度经济学的开创者罗纳德·科斯在1937年发表的《企业的性质》一文提问"组织为什么存在"，并指出交易成本的存在是企业出现和存在的原因，但这一思想在很长一段时间内未引起人们的真正注意。20世纪70年代以后，制度研究与组织研究这两种理论重新合流，推动了经济学、政治学和社会学领域新制度理论的发展。其中，新制度经济学理论放宽了正统经济学的理性假设，并应用经济学的主张来解释组织与制度的存在。同时，新制度经济学认为制度作为一种关于社会秩序的"属性"或状态的制度，还必须包括作为一种"过程"的制度，必须包括制度化与去制度化的过程（Tolbert and Zucher，1996）。制度化，简而言之，就是通过规则的形成而得以稳定和合法化（斯科特，2010）。制度化是指一种历时性过程，或者是已获得某种确定状态或属性的一套社会安排；当社会模式逐渐实现再生产时，会把它们自己的存在归因于相对自我激发的社会过程（Jepperson，1991）。去制度化，就是制度的弱化和消失的过程（斯科特，2010）。制度的基础要素由规制性、规范性和文化 - 认知性构成，每一种制度要素都有着独特的运行机制，并促进和支持各自不同的过程。制度化通过基于汇报递增制度化、基于承诺递增制度化和随着日益客观化而出现的制度化三种基础机制运行，并在维持稳定、制度扩散、规制过程、规范过程、文化 - 认知过程中依靠符号系统、关系系统、惯例和人工器物四种媒介来进行传递（斯科特，2010）。在制度化过程中，组织只有遵守理性的规定和法律或者类似于法律的框架，才有可能被认为是合法的。反过来说，组织往往与生产绩效无关，组织存在于高度复杂化的制度环境中，逐渐与其制度环境同形，并因此而成功地获得生存所需要的合法性与资源（Meyer and Rowan，1977）。新制度理论的代表人物迪马吉奥和鲍威尔（DiMaggio and Powell，1983）则进一步强化了制度性同形，提出"强制性同形、规范性同形和模仿性同形"三种机制。这三种机制会使组织彼此之间日益相似，但不一定会直接提高组织的生产绩效。新制度经济学强调了制度化过程中制度环境对其中的所有单个组织的影响，认为制度环境是一元性的或统一的，可以把各种结构与实践施加给单个组织，而单个组织也有义务遵守制度环境的要求。制度化过程的作用就是组织结构同形的出现。但是，在某些情境中，单个组织或者通过使其自己的结构与其行为相脱耦，或者以某种方式通过防止组织结构受到环境要求的影响，来策略性地应对环境要求。而在另一些情境中，组织会采取集体行动，以影响制度要求，并重新界定环境，同时通过协商而形成新的制度要求。这些情景的存在使得新制度经济学在解释制度化同形原因不能同时回答为什么组织在制度同形压力下仍存在异质化现象等问题。制度逻辑研究就是在这一背景下发展起来的（Thornton et al.，2012）。

二、制度逻辑与组织场域的多重制度逻辑

制度逻辑指由社会所构建的文化、规则和信念，以及影响和塑造行为主体认知和行为，包括解释个人和组织日常活动意义的文化符号和物质实践的模式（Friedland and Alford，1991）。与制度逻辑相对应的另一个重要概念是组织场域概念。组织场域概念是指由关键的供应商、原料与产品购买商、规制结构以

及其他提供类似服务与产品的组织等聚合在一起所构成的一种被认可的制度生活领域（DiMaggio and Powell，1983）。该定义认为场域由在某个社会领域内运行的一系列类似的"生产商"及交换伙伴、消费者和规定者构成。新制度主义者组织场域倾向于进行中观层次的研究，而近年来出现更多的理论认为场域不仅可能围绕固定的市场、技术或公共政策领域而形成，也可能围绕重要的争论与问题而形成。另外，迪马吉奥和鲍威尔（1983）分析组织场域时所使用的结构化概念，指的是在场域层次上出现互动程度以及组织间结构的性质，含义要狭窄得多。每一种制度场域都有其身的行动逻辑，不同制度逻辑强调不同的评价基础，强调不同行动取向的优先性，这些制度逻辑诱发和塑造了领域中相应的行为方式。不同制度逻辑的内容，即相关信念与假定的性质往往存在不同，而且在纵向渗透力或垂直深入度方面也存在不同（Krasner，1988），某个场域中不同制度逻辑，在排他性方面或者竞争方面存在差异（Thornton and Occasio，1999）。为此，斯科特（2010）将组织场域概念进行拓展，指出组织场域的核心要素包括关系系统、文化认知系统、组织原型和场域中上演的集体行动，并提出组织场域是处于微观层次的个体行动者及组织、宏观层次的社会行动者系统，以及跨社会行动者行动系统之间的中观分析单位。

跨社会的各种制度或者某个社会之中的各种制度，为组织场域提供了一个更大的制度环境，而在这种组织场域之中，更多、更具体的制度场域与制度形式得以存在和运行；这些具体的制度场域与制度形式为具体的组织和其他各种集体行动者提供环境，而这些具体的组织和集体行动者又为更小的子群体与个体行动者提供了环境的组织场域层次的研究（斯科特，2010）。由此，组织场域被视为在社会制度秩序下有着自身相互嵌套的逻辑集合体（Goodrick et al.，2011）。近年来，由制度逻辑衍生出来的制度多元化概念，是指场域内受多个逻辑的影响和引导（Dunn and Jones，2010），组织行为多样化与制度变迁过程问题亦成为制度理论研究者关注的热点（Lounsboury，2007；2008；Marquis and Lounsbury，2007；周雪光和艾云，2008）。多重制度逻辑就是在宏观制度背景下，执政党、政府（中央政府和地方政府）、产业和社会公众之间的互动关系以及这各个行动主体所反映的各自制度逻辑——政党的逻辑、政府的逻辑、产业的逻辑以及社会公众的逻辑。多重制度逻辑对行动主体产生了不同的影响，不同的行动要求导致行动者与其他区别开来，从而导致组织异质化行为出现组织在特定制度体系下受到多种制度逻辑的多元性影响（Thornton et al.，2012；杜运周和尤树洋，2013；李宏贵和蒋艳芬，2017）。在多重制度逻辑下组织具有多种制度逻辑的选择，根据组织所处的组织场域决定制度逻辑的演化状态，从而依据不同的主导型逻辑决定组织的哪些行为可以帮助组织获取市场与社会的"合法性"，即组织由绝对地遵循外部制度场域转为多重制度逻辑下的多种选择，进而影响制度变迁的轨迹和方向。多重制度逻辑理论为解释正在发生大规模的制度变迁现象提供了新的研究视角，为塑造组织场域中新的"游戏规则"提供了新的解释。

三、中国特色碳减排制度变迁的多重逻辑理论框架

通过上述对制度与组织发展逻辑及理论梳理可以发现，理解、认识制度逻辑的作用，在分析大规模制度变迁方面具有较强的优势。我国环境污染治理中存在着执行偏差以及污染反复出现等问题，要求对环境治理的多主体逻辑进行系统的分析。多制度环境的分析框架关注复杂制度环境对行为主体的影响，有助于厘清我国环境治理困境的形成机制。气候变化与环境问题同根同源，碳减排是一场涉及生产方式、生活方式、意识形态和国家权利的全球性大规模制度变迁，涉及多重过程和机制，而只有在这些过程机制的相互作用中才能恰如其分地认识它们各自的作用和影响。制度变迁的轨迹和方向取决于参与其中的多重制度逻辑及其相互作用。对中国特色碳减排制度变迁从多重制度逻辑视角进行分析，可以动态展示中国经济中心发展理念下的"碳锁定"制度化过程和不同组织场域制度逻辑以及向"生态优先"发展理念转变。

（一）国家理论：制度优越性自我完善

国家理论是研究国家行为逻辑的基础，目前，关于国家起源的学说主要有"契约理论"和"掠夺论"。契约论认为，国家是公民达成契约的结果，国家要为公民服务；契约的达成是多重逻辑博弈的结果；国家既作为每一个契约的第三者，又是强制力的最终来源，它成为为控制其决策权而争斗的战场。契约论解释了最初签订契约的得利，但不能说明利益成员其背后的最大化行为。"掠夺论"认为国家是某一集团或阶级的代理者，它的作用是代表该集团或阶级的利益，从其他集团或阶级的成员榨取收入。掠夺性国家通过界定一套产权，使权利集团利益最大化，但不能促进整个社会效率提高，必然导致无效率产权。这两种国家理论均不能涵盖历史和现实中所有国家的形式，不具有一般性和普遍性。新制度经济学代表人物诺思（1994）将"契约论"和"掠夺论"进行综合，提出"暴力潜能论"的国家分配论：若暴力潜能在公民之间进行平均分配，便产生契约性；若这样分配不公平，便产生掠夺性。但是，以往国

家暴力潜能理论的研究皆是从静态角度，没有从动态角度来看到国家在演化过程中会出现异化。中国特色社会主义国家的理论基础是马克思、恩格斯的国家理论，同时又是一个在实践与认知互动中追求制度自我完善、发挥制度优越性的历程。马克思、恩格斯的国家理论强调市民社会决定政治社会或政治国家，国家是统治阶级进行阶级统治的工具，国家的性质和职能是由统治阶级的属性决定。只有借助政党国家的高度组织化的力量和强大的政治意志，才能将分散的国家建构力量迅速聚集起来，解除国家建构的窘迫状态。马克思主义国家理论在指导中国共产党建构国家中发挥了重要作用，决定了我国的国家形态具有"政党国家"属性（任剑涛，2014）。在我国，代表国家的是中央人民政府，是最高国家行政机关。中国共产党的初心和使命是为中国人民谋幸福，为中华民族谋复兴。这种信念驱使着中国共产党在新中国成立后尤其是改革开放以来，将聚焦于政治的治国模式转变为聚精会神发展经济的模式，开始对"什么是社会主义，怎样建设社会主义""实现什么样的发展，怎样发展"进行理论探索和制度自我完善。随着现代政治过程的重心已经开始从统治转向治理（俞可平，2013），中国特色社会主义现代化建设也由"经济一元"中心向"五位一体"转变，制度创新的价值取向逐步由单一的经济发展目标向综合性目标发展。

（二）地方政府：绩效评估

地方政府在国家生态治理中发挥着至关重要的作用，它们的行为直接关系着国家的治理能力。新制度经济学的国家理论主要探讨国家（中央政府）对产权的界定与维护在制度变迁中的作用，没有考虑地方政府的行为。传统公共行政学的理论从结构功能的视角揭示我国地方政府行为逻辑，但不能解释为什么有时候中央无法有效地控制地方政府的行为。历史制度主义和理性选择的制度主义把行为者置于大的制度框架中，强调行为者与外部环境的资源交换和互动，认为此互动呈现了行为者行为逻辑的形成过程，也就是制度的生成、再现、持续和再制度化的过程。但是治理过程视角提出的范式或者过于宏观，或者过于微观，很少有较强解释力的中层范式（张丙宣，2016）。组织制度理论通过组织场域概念强调地方性社会秩序是当代社会系统基本构成要素，从而建立了制度变迁的"中观"层次理论。组织场域理论强调受到些许限制的、专业化领域在建构和维持社会秩序方面具有重要作用（Fligstein，2001）。关系系统是组织场域的一个重要子系统，是运行于场域层次之上的治理系统，即通过共识所产生的机制、合法的等级权威或者通过非法的强制手段，支持某一系列的行动者对另一系列的行动者进行常规的控制。每个组织场域都有自己的特征，即都有比较独特的治理系统，这些治理系统由公共（地方政府）或私人行动者构成，而这些行动者又会通过规制性、规范性制度要素之间的某种结合，来控制场域中的各种行动者及其行动（斯科特，2010）。在环保和规划领域，地方政府行为具有应对多重压力的被动反映、持续调整和聚焦于短期收益的弱激励特征，这种特征的行为由完成任务逻辑、激励逻辑和政治联盟逻辑共同促成（Zhou X G, Lian H, Ortolano L et al., 2013）。因此，在具体制度环境下，从中观层次上观察地方政府的行动逻辑，以及在其与中央政策、能源产业和社会公众三个行动群体的相互作用中去理解制度变迁过程就显得十分必要。

我国的地方政府除特别行政区以外，分为省（自治区政府、直辖市省级政府）、地级市（自治州政府）、县（自治县政府、县级市以及市辖区政府、旗政府）和乡（民族乡、镇政府）四级，其中，海南省和直辖市分为三级，即省级、县级和乡级。在地方政府中，能够代表地方政府的是地方政府官员，他们具有"国家公务员"和"党员干部"的双重省份。中央政府对地方政府官员的考核从早期的"岗位责任制""目标管理责任制"考核到现在的"绩效评估""绩效管理""绩效奖励"，政府部门目标责任制的内容逐渐扩展，但以经济指标为核心的绩效评估特点没有改变（Landry P F, Lü X B, Duan H Y, 2018）。地方政府在与中央政府的利益博弈中，其行为受到政府绩效考核指标体系的影响。这方面的内容，地方政府在发展经济还是减少排放的目标取向上已有大量文献进行了研究（卢现祥和张翼，2011；田建国和王玉海，2018）。

（三）能源产业：知识和技术

新制度演化经济学派认为制度包括了影响组织行为和结构的诸多因素。现实中的公司是一种历史性的实体，为了生存，一个公司必须不断再生产和修正其惯例以因应环境的变化。演化经济学理论将公司的惯例视为一种内生的、基于经验的学习过程（Knudsen, 1995）。公司的惯例类似于达尔文生物进化论和拉马克的遗传基因的性质，来自那些承担和实施组织任务的参与者所拥有的与默会的知识和技术，技术可以保持一定时期的相对稳定，形成技术惯性（纳尔逊和温特，1997）。演化经济学强调经济变迁的动态过程，认为最优化很难实现。一方面，演化经济学强调技术在产业进化过程中起着关键的作用。技术也与产业一起进化，幸存下来的技术生成为主导技术。但是，最终成为主导技术的并不一定是最优的技术，偶发事件也可能使系统锁定于逆技术。亦即技术的渐进变迁——只要踏上了某个特定的轨道——可能导致一种技术淘汰另一种技术，尽管人们最终可能会发现这一技术路径或许比那个被淘汰的更没有效率（诺思，2011）。主导技术演变能够引起产业结构的进化，会使生产的专业化程度更高，从而导致新企业进入产业的初始规模和资本要求增加，产业进入障碍增大。另一方面，演化经济学研究了体制对产业发展的支撑。产业发展到一定阶段后，产业技术与产品甚至是企业与上游供应商、下游销售商的代理关系也趋向于标准化，随着这些标准的出现，企业会意识到成立行业贸易协会的必要性，它不仅可以保护本行业的利益，而且还会抵制来自外部的竞争（Mark Granovetter，1985）。演化经济学的研究表明，产业通过塑造"选择环境"（企业交往规则的形成、产业有关的各种社会组织的出现，或通过政治手段）可以决定什么样的技术会变成主导技术。另外，产业塑造选择环境中，高等院校、科研机构和其他社会组织也会与技术、机制一同演化，进而影响企业的行为及其组织形式（蒋德鹏和盛昭瀚，2000）。

改革开放以来，随着市场在我国资源配置中越来越发挥决定性作用，制度市场化"路径依赖"也逐步延伸到能源领域。自20世纪80年代开始，我国相继展开煤炭、电力、石油、天然气等能源的市场化改革，先后经历了能源价格逐步放开，价格双轨；放松投资限制，社会性投资进入，增加能源供给；实行政企分开，构建竞争性的市场结构三个阶段（向珏和宋雁，2009）。但是，由于能源需求的急剧增加，能源供给安全始终是悬在能源产业头顶上的一把利剑。能源产业制度不仅决定了竞争的类型而且决定竞争发生的频率。技术作为竞争过程中的自发结果而出现，市场上卖方的竞争产生了新技术，新技术只有在买方使用时，卖方的利润才会实现。一国技术进步方向往往与本国要素禀赋结构相匹配，在价格效应的作用下，生产者将更有意愿去研发偏向于稀缺要素的技术；而在规模效应的作用下，会研发偏向于丰裕要素的技术（Acemoglu，2002）。我国能源禀赋是"富煤、贫油、少气"，在市场经济体制下，价格效应和市场规模效应决定技术创新利润，进而决定技术进步方向。因此，技术选择决定企业的存亡，这是我国能源产业转型升级的制度逻辑。

（四）社会公众：理性选择行为

人们从事经济生产活动的目的是满足自身的需要，人的行为结果也对经济活动产生始发性影响。经济学中关于人性的研究最早由亚当·斯密在《国富论》描述："在这场合，像在其他许多场合一样，受着一只看不见的手的指导,去尽力达到一个并非他本意想要达到的目的。也并不因为事情非出于本意,就对社会有害。他追求自己的利益,往往使他能比在真正出于本意的情况下更有效地促进社会的利益。"这一段话表露出经济人的含义,即理性自利人在利己的同时也利他。约翰·穆勒在亚当·斯密的基础上提出"经济人假设",经济人就是会计算、有创造性、能寻求自身利益最大化的人。"经济人假设"暗含了人是完全理性的假设,即人在决策时,能够趋利避害,以自己利益最大化为原则;对消费者来说,则是追求总效用最大化。行为科学家们分别提出了实利人、社会人、成就人和复杂人等人性假设,认为人性是复杂多变的。美国心理学家马斯洛提出需求层次理论,即需求分为生理需求、安全需求、爱和归属感、尊重和自我实现五类,较低层次需求满足之后,向较高层次需求发展。西蒙(Simon H A, 1951)从心理学角度和组织理论角度对人类决策过程做了广泛的研究,提出了有限理性的行为基础——心理机制问题,指出人脑思维活动的机能、知觉范围、记忆系统和图式与再认等方面皆有限,人们在决定过程中寻找不到"最大"或"最优"的标准,而只能是"满意"的标准。诺思在《制度、制度变迁与经济绩效》一书中指出:"人类行为看起来远比蕴含在经济学家的个人效用函数模型中来得复杂。在许多情况下,人们不仅有财富最大化行为,还有利他主义(altruism)以及自我实施的行为,这些不同动机极大地改变了人们实际选择的结果。"诺思强调,意识形态是决定个人观念转化为行为的道德和伦理的信仰体系,它对人的行为具有强有力的约束,它通过提供给人们一种世界观而使行为决策更为经济,意识形态通过直接教化并反复灌输某种价值观而进入人们的效用函数,进而影响人们的选择行为。

目前,中国是世界上最大的能源消费国和碳排放国,人均能源消费量是略高于世界平均水平。但是,中国的能源消费和碳排放主要发生在生产端,随着城镇化的推进和经济发展水平的提高,市民的能源消费量还将提升,这是硬性需求,短期内能源的消费量还难以到达拐点。减少碳排放、应对全球气候变化在近几十年的广泛宣传和传播下,已经为广大社会公众所熟知。社会公众的低碳消费行为在节能家电、绿色环保汽车等产品销售方面已获得积极的响应。对于社会公众而言,一方面是经济发展水平提高生活质量上升的硬性需求,另一方面是应对气候变化践行低碳生活的能源消费选择。二者的统一既取决于个体理性与集体理性的认知偏向,也取决于清洁低碳能源的经济性。社会公众作为消费者在能源硬性需求的背景下能否有更经济、更多的能源消费选择集合最为关键,这是社会公众参与碳减排的行为逻辑。

（五）制度环境

综上所述，中央政府、地方政府、能源产业和社会公众位于不同的组织场域，不同场域的制度逻辑各不相同；纵使各自的制度逻辑不变，各主体的行为方式仍然依赖于特定的历史背景、初始条件和制度环境。在我国社会主要矛盾已转变为人民日益增长的美好生活需要和不平衡不充分的大背景下，制度环境对各主体的影响是不同的，各因素的相互关系和作用方式决定了变迁过程和机制的多样性和差异性，中国特色碳减排制度变迁是这些因素重叠和交织的产物，是一种多层次的因果过程的分析。因此，中国特色碳减排制度变迁也是制度、场域环境和行动者的有机结合并形成制度均衡的过程。

第二节　多重制度逻辑下中国特色
碳减排制度变迁分析

一、中国特色碳减排制度变迁的历史逻辑起点

马克思指出，一切社会变迁和政治变革的终极原因，不应到人们的头脑中，到人们对永恒的真理和正义的日益增进的认识中去寻找，而应到生产方式和交换方式的变更中去寻找。[①] 换句话说，生产力的发展是社会历史发展最根本的推动力，是制度变迁的根本动因。中国特色碳减排制度创新的起点、演变与变迁应该从客观现实的社会实践中去寻找。政府各项制度的选择安排有其内在目的，选择一种制度并放弃另一种制度与"历史之因"（历史逻辑起点）和"现实之因"（现实约束）有关。改革开放之初，按照世界银行的统计，1978年我国人均 GDP 只有 156 美元，而当年撒哈拉沙漠以南的非洲国家人均 GDP 是 490 美元。1978 年中国的整体发展水平，连世界上最贫穷的非洲国家平均数的 1/3 都没有达到，中国当时有 81% 的人口生活在农村，84% 的人口生活在每天 1.25 美元的国际贫困线之下。[②] 中国共产党是以马克思主义理论为指导思想的政党，其一切理论和奋斗都致力于实现以劳动人民为主体的最广大人民的根本利益，这是马克思主义最鲜明的政治立场。从"以经济建设为中心"

---

① 马克思恩格斯选集（第 3 卷）[M]. 人民出版社，2012：797 – 798.
② 林毅夫. 改革开放 40 年，中国为什么能成功？[EB/OL]. 新华网，http://www.rmlt.com.cn/2018/0726/524123.shtml.

到"生态优先，高质量发展"的转变，本质上是对"什么是社会主义，如何建设社会主义""实现什么样的发展，怎样发展"进而完善和发挥社会主义制度优势由认知到实践的转化。

党的十一届三中全会强调了应该坚决实行按经济规律办事，重视价值规律的作用，在充分发挥中央部门、地方、企业和劳动者个人四个方面的主动性、积极性、创造性的带动下，社会主义经济的各个部门各个环节蓬勃地发展起来。经济快速发展对能源的需求急剧上升，由于能源供应增长赶不上需求的增长，能源短缺一直是中国能源发展面临的主要问题。1980年，原国家计委、经委组织编制五年节能规划和年度节能计划，开始把节能工作纳入国民经济规划，提出"开发与节约并重，近期把节约放在优先地位"的能源利用方针，从而确立了节能在我国能源发展中的战略地位。

由于经济的快速发展引致对能源的需求，而在煤炭为能源禀赋和粗放的发展方式下，环境问题日益突出。这也就是当前受到各界关注的"经济（economic）-能源（energy）-环境（environment）"3E系统，而在这3E系统中，经济既是中心也是始发因素。以经济建设为中心是我们研究中国特色碳减排制度的历史逻辑起点。

二、中国特色碳减排多重制度逻辑的相互作用过程分析

国家逻辑影响着地方政府和能源产业。正如前文所述，马克思主义立场、观点和方法是中国共产党研究和解决中国的实际问题的指导思想。中国共产党执政决策的思维方式：一是矛盾观，抓主要矛盾，抓矛盾的主要方面、抓重点；二是整体观，立足中国放眼世界，不能从单一的角度看问题；三是人民观，看是否符合中国人民长远、全面利益的最大化。

在改革开放之初，我国社会的主要矛盾是落后的生产力同人民群众日益增长的物质文化需求之间的矛盾。因此，首要任务就是解决温饱问题和改善物质条件。以经济建设为中心，需要将要素配置到见效快、快速满足人民生活需要的行业中去。虽然此时环境认识、环境制度建设方面皆得到高度重视，但在落实和实施机制层面存在重经济轻环保、环境保护或让位于经济发展的问题。1992年以后，市场经济体制极大地解放和发展了我国的生产力，大规模经济建设的兴起使环境问题日益突出。"重经济轻环保"产生的问题与后果也开始受到关注和重视，其集中的表现就是吸纳了联合国提出的"可持续发展"理念，意在取得经济发展与环境保护双赢的效果（郇庆治，2015）。在"九五"

规划纲要中，明确将以"经济发展，保护资源和保护生态环境协调一致"为核心思想的"可持续发展战略"作为国家战略。"十五"和"十一五"期间，坚持以人为本，树立全面、协调、可持续的发展观成为共识，但是，"可持续发展"的观念存在一个现实化的问题。这里，如何协调经济与环境的发展存在两种不同的方式：其一是在构成经济增长和开发障碍的前提下去协调环境与经济和开发之间的关系，即以经济开发为主兼顾环境；其二是以环境保全为中心去协调经济增长和开发，即在优先考虑环境的前提下与经济开发相协调（岩佐茂，2006）。这两种协调方式中的关键问题，即谁是优先考虑对象。2006 年 12 月，中央经济工作会议提出"又好又快发展"是全面落实科学发展观的本质要求，但是，2008 年我国经济又再次受到全球金融危机影响，2008年下半年开始经济形势急转直下，经济发展任务再次被强调。

综上，从"九五"至"十一五"这一时期，我国在处理经济与环境关系，虽然有了"可持续发展"和科学发展观的理论指引，但仍然是"经济发展优先"，可持续发展实际是"经济发展兼顾环境"的协调方式。在这期间，我国已经意识到气候变化实际上超越科学与环境范畴，认识到应对气候变化既是环境问题也是发展问题，并在"十一五"期间在应对气候变化的立场和政策发生转变。表现在制度上，一是国际上提交了 2020 年相对于 2005 年的自愿减排承诺，走低碳经济发展之路；二是将碳排放被作为约束性指标纳入"十二五"发展规划，由此，节能减排纳入了地方政府官员政绩考核体系。

党的十八大以来，以习近平同志为核心的党中央结合国内、国际形势变化，把减少碳排放、应对气候变化与国内的生态环境结合起来。强调生态优先绿色发展理念，并通过制度的建设延伸至产业层面，一是加大了市场化碳减排制度创新，2013 年我国 7 个碳排放交易市场试点建立，2017 年我国建立全国统一的碳排放交易市场。人与自然和谐是人类生存的必然法则，人类只有一个地球，各国共处一个世界，人类命运共同体要求生态治理要有整体观。中国引导应对气候变化国际合作，成为全球生态文明建设的重要参与者、贡献者、引领者。这实质是人类命运共同体理念下国内生态治理向国际的自然延伸。

对能源产业而言，关键逻辑是知识和技术。煤炭和石油是化石能源，目前利用方式主要是燃烧（氧化）进行热能转化。由煤炭、石油与天然气的物质分子构成上看，煤炭的成分由两个碳原子一个氢原子，石油是一个碳原子和两个氢原子，天然气则是一个碳原子和四个氢原子。化石燃料（碳氢化合物）被氧化后的发热量，主要来自其所含的氢元素。在利用方式（直接用燃烧化石能源产生的热来发电）不变的条件下，同样发电量下，煤炭所产生的二氧化碳排放是油气发电产生二氧化碳排放量的 4~8 倍，这是任何技术都无法回避和解决的问题。因此，化石能源产业应对气候变化的唯一途径只能是节能提效，就是在等量的碳排放前提下提高能源的利用效率。而对于整个能源产业而言，则是能源转型，由化石能源向低碳能源和可再生能源转变。中国的能源禀赋是"富煤少油缺气"，可再生能源中水能有限，其他像光伏、风能、生物能和地热等应用尚不成规模。这些是中国能源产业组织场域的特征。2008 年的中央经济工作会议提出"加快形成反映市场供求关系、资源稀缺程度、环境损害成本的煤炭价格形成机制"，在制度层面上使得我国煤炭实现了市场化的定价机制。在市场化体制下，价格效应和市场规模效应决定技术创新利润，进而决定技术进步方向。而在规模效应的作用下，生产者研发会偏向于丰裕要素的技术（Acemoglu，2002）。能源资源禀赋的特征就决定了我国的能源技术进步是向着高碳能源——煤炭方向的（这在后续的章节将通过分省实证来考察），这从我国的电力的装机也可以得到佐证（见图 3-1）。

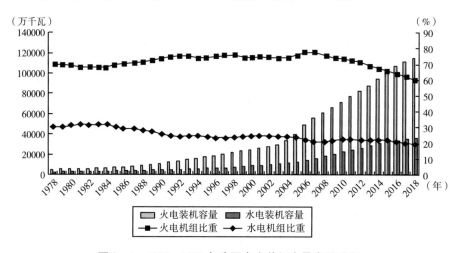

图 3-1 1978~2018 年我国电力装机容量发展进程

资料来源：根据《中国电力统计年鉴》和《中国统计年鉴》数据绘制。

在图 3-1 中，我国的火电装机容量由 1978 年的 3984 万千瓦增长到 2018 年的 114367 万千瓦，40 年间翻了 28.7 倍，年均增长 8.76%，装机容量最高年度为 2006 年占比为 78%。由于火电机组投资大、设计寿命一般在 30~40 年。因此，我国的能源产业的高碳技术锁定，并且是朝着高碳技术方向进步的。

电网是煤炭产业下游产业，我国市场机制确立以后，市场化改革也在电力产业推行。1997 年我国实行"厂网分离、竞价上网""输配分离、配售分离"，引入市场化和竞争机制，但是，由于国家电力公司在垄断经营输电电网的同时拥有大量的直属发电企业，直接的结果是发电、输电、配电、售电等环节仍集于一体，厂网不分，垄断依然存在（李晓辉，2013）。2000 年，电力行业以"厂网分开，竞价上网"为改革方向，但是电力与煤炭的市场化改革是交织在一起的，由于火电机组占据绝对的主导地位，因此电力供给实质还是煤炭供应问题，煤电在电力系统中的占比始终高达 70% 以上（见图 3 - 2）。

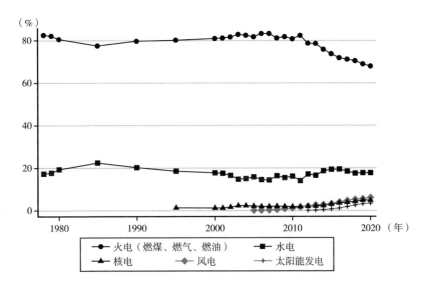

图 3 - 2　1980 ~ 2020 年中国电力消费结构趋势

资料来源：根据《中国能源统计年鉴》数据绘制。

　　由于煤炭的市场化程度较高，"市场煤"与"计划电"的矛盾威胁到了能源安全。2002 年，电力领域确立了"打破垄断、引入竞争、提高效率"的体制改革。2009 年，《关于完善煤炭产运需衔接工作的指导意见》以"长期购销合同"来解决"煤电顶牛"的矛盾。另外，石油市场上同样存在国家对石油行业相对集中管理，石油消费市场化和石油供应垄断化已成为当前中国石油市场中的主要矛盾（李晓辉，2013）。2006 年之前，煤炭和石油构成的高碳能源占我国能源总量的 90% 以上。至此，我国的能源产业实质上是被高碳能源产业锁定了。同时，由于电网电力、石油石化和煤电属于关系国家安全和国民经济命脉的重要行业和关键领域保持绝对控制力的 7 大行业范畴。我国能源产业形成了高碳能源产业锁定和国家所有制行政管制叠加。这种能源产业锁定的集中体现在可再生能源难以加入电网，面临消纳难困境。例如，2019 年全国弃风电达到 168.6 亿千瓦时，弃光电量 46 亿千瓦时。弃风省份主要是新疆（弃风电量 66.1 亿千瓦时）、甘肃（弃风电量 18.8 亿千瓦时）和内蒙古（弃风电量 51.2 亿千瓦时），三省（区）

弃风电量合计136亿千瓦时，占全国弃风电量的81%。[①] 弃光主要省份分别是西藏、新疆、甘肃，弃光率分别为24.1%、7.4%、4.0%，其中，青海受新能源装机大幅增加、负荷下降等因素影响，弃光率提高至7.2%。[②] 当然，可再生能源有其自身不确定性因素，但也与能源产业长期以来的惯性有关。

对社会公众而言，能源是经济生产和人们生活的基本物质要素。从我国民众的消费端来看，改革开放以前，中国的能源供给极度短缺，人均生活能源消费不足100千克标准煤（见图3-3），当时我国80%以上的人口在农村，仅有少数农村地区有电力供应，农村基本得不到生活用的商品能源供应，即使是照明的煤油也是少量定量供应。经过近40余年的发展，人均生活能源消费上升到2017年的415.6千克标准煤。根据马斯洛层次需求理论，我国的人均生活能源消费在满足基本生活需求以后会因为对美好生活需要而对能源提出更高要求。在图3-3中，自1988年至1997年近10年的时间，中国人均生活能源的消费是负增长的。这主要是生活用能源的技术进步带来的结果：一是用效率更高的能源代替效率较低的能源，二是使用效率更高的用能设备（于渤，1993）。但生活能源消费增长是经济发展的一般规律，滞后的生活能源消费需求是将来需求大幅度增长的一个重要因素。在消费增长过程中，生活能源消费结构将向以煤为主转向以电、石油等优质能源为主（史丹，1999）。

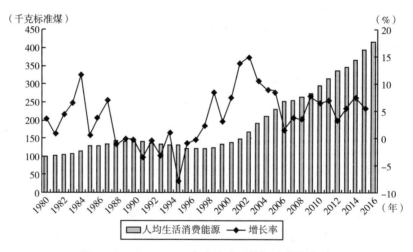

图3-3　1980~2017年人均生活能源消费量走势

资料来源：根据《中国能源统计年鉴》数据绘制。

---

①② 国家能源局. 2019年风电并网运行情况［EB/OL］. 国家能源局，http：//www.nea.gov.cn/2020-02/28/c_138827910.htm.

随着经济发展水平的提高，社会公众在理性选择的驱使下，对于节能提效的政策反应较为积极。《能源效率标识管理办法》《轻型汽车污染物排放限值及测量方法》《新能源汽车生产企业及产品准入管理规则》等出台，也起到了一个碳排放信息公布的作用，对于引导社会公众积极的节能减排行为发挥了积极的作用。但是，总体来看，社会公众在理性选择逻辑的支配下偏向于个体理性，应对全球气候变化的碳减排需要集体理性行为，如何让个体理性与集体理性一致是碳减排制度安排的关键。

改革开放之后，在经济建设为中心的发展理念下，为激励地方政府发展经济的积极性，中央政府采取了财政放权措施，先后实施了《关于试行"收支挂钩、全额分成、比例包干、三年不变"财政管理办法的若干规定》《关于实行"划分收支、分级包干"财政管理体制的暂行规定》《中共中央关于经济体制改革的决定》《关于地方实行财政包干办法的决定》以及收入递增包干、上解额递增包干、定额上解、定额补助、总额分成、总额分成加增长分成等财政大包干办法。财政放权改革调动了的积极性，在促进了国民经济的持续发展和其他领域的改革方面发挥了积极的作用。随着地方分权制改革的推进，中央财政收入占全国财政收入的比重由1984年的40.5%下降为1993年的22%（见图3-4）。

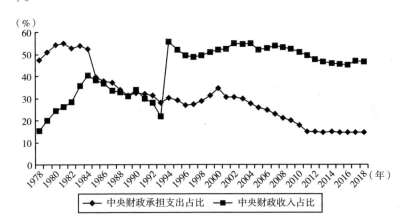

图3-4　1978～2018年中央财政与地方财政收入、支出走势

资料来源：根据《中国统计年鉴》数据绘制。

财政分权在使得地方财力不断增强的同时，也导致了地方政府发展的盲目性增强以及地区保护、市场分割问题；而中央财力比重相对下降造成了中央经济权威的下降，宏观调控能力较弱，严重影响了国家宏观调控作用的发挥。1994年，中央政府在全国范围内开始推行分税制财政管理体制改革。分税制实施后提高了国家的财政收入比重，增强了中央政府的宏观调控能力和政府威信。但是，省以下政府分税制没有予以明确规定（姜长青，2019），导致地方的财权和事权不对等，地方政府财政支出和收入缺口越来越大，截至 2018 年这一缺口已达 90292.94 亿元（见图 3 - 5）。自 1996 年开始，我国各级地方政府普遍举债。

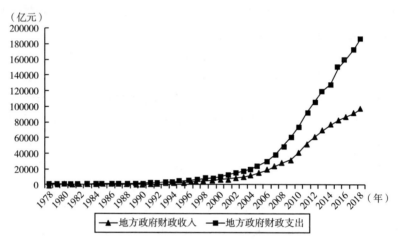

图 3 - 5　1978 ～ 2018 年地方政府财政收入与支出走势

资料来源：根据《中国统计年鉴》数据绘制。

1998 年起，伴随着与土地相关的政策的实施，商品住房改革、城乡土地二元制度以及招拍挂制度的建立，迅速催生出一套以土地为核心的融资模式。中国碳排放也在 2002 年出现迅速上升的态势。在碳锁定的发展模式下，打开碳锁定的钥匙是低碳技术、可再生能源，而我国直到 2006 年《中华人民共和国可再生能源法》出台，低碳技术、可再生能源技术与碳基能源近 200 年的发展相比还太稚嫩。

三、多重制度逻辑下中国特色碳减排制度变迁的启示

对于任何个人或组织，今天的制度是过去的制度选择的结果，今天的选择限制着未来的结果，即制度变迁存在着路径依赖（North，1994）。对于中国特色碳减排制度变迁而言，如果不了解制度相互作用的过程就无法解释碳减排绩效的结果。从多重制度逻辑视角，分析中国特色碳减排制度变迁过程中各行动主体的组织场域和行为逻辑，发现这场始于以经济建设中心的市场化体制改革，实际上是中央政府、能源产业、地方政府和社会公众行为逻辑

在制度环境的约束下共同塑造的制度变迁的结果。

在中国碳减排制度变迁的以往研究中，国家、政府和社会公众的作用受到过多强调，而碳排放的主角能源产业技术与产业组织则受到或多或少的忽视，学术界和政府主要的误区在于认为只要有了碳减排制度，就必然会产生减排效应，而忽略了与碳排放密切相关能源产业的知识与技术。我们应该认识到碳减排制度的作用在于或强制或诱导利用低碳清洁技术。以碳排放权交易制度为例，该制度的作用是对碳排放与低碳清洁技术的优化配置，让成本最低者承担减排任务，进而实现社会效益最大化。但是，如果市场被高碳能源技术垄断，没有低碳技术或者低碳技术进入不了市场，那么，市场交易制度效果也不会显著。能源研发活动是能源系统转换变迁的基础，能源技术研发投入和学习机制是推动能源技术变迁的关键因素。交流与各自共享的心智模式的形成是技术有效运用的前提条件。

中国能源产业长期以来供给不足，始终处于规模扩张阶段而少有质量提升意识。例如，2019 年 3 月全国"两会"上，能源行业的 100 多名代表就"能源革命"进行了辩论——到底该不该革煤炭的命？国家能源投资集团总经理的一段话透露了煤炭行业的逻辑："目前煤炭用得很清洁，做了很大贡献，与 2013 年比，（煤炭）烟尘、二氧化硫、氮氧化物排放已经降低了超过 90%，应该说是做得很不错了。"[①] 这段话表明，当前煤炭产业清洁化的诱因恰是 2013 年那场全国大范围雾霾的发生。也就是说，对于高碳能源产业而言，如果没有外在压力，高碳技术还是不会改变进步偏向，即技术进步存在路径依赖。在市场化机制下，清洁能源和高碳能源是一种竞争替代关系。而当前，我国的清洁能源产业在强大的高碳能源产业面前，技术还比较稚嫩，组织还比较松散甚至尚未形成，还不足以和高碳能源竞争。这是我国碳排放短期内难以降低的能源产业原因。

中国特色碳减排制度变迁是多重制度因素综合作用的结果。在科学认识我国社会主要矛盾是人们日益增长的物质文化需要同落后的生产力之间的矛盾这一背景下，在以经济建设为中心的发展理念下，我国的能源产业是在资源禀赋因素、制度路径依赖、能源安全思维和工业化城镇化发展阶段等因素影响下逐渐向碳基技术锁定、高碳技术进步、高碳能源产业锁定和社会碳锁定方向发展。而当我国社会的主要矛盾转化为人民日益增长的美好生活需要

[①]　宋琪. 企大佬"激辩"煤炭未来：到底该不该革煤炭的命？［EB/OL］. 华夏能源网，https：//coal. in - en. com/html/coal - 2558048. shtml.

和不平衡不充分发展之间的矛盾时，生态环境是美好生活的重要组成部分。从微观层面讲，社会公众在满足了生活能源需求以后对于应对气候变化的认知和要求能源的清洁化和低碳化会越来越高，这从我国光伏、风能的发展以及新能源汽车的发展可以窥见一斑。从这个意义上说，社会公众的碳减排在于能源产业提供选择的低碳属性与经济属性。从中国特色碳减排制度变迁的过程和结果看，国家（中央政府），用政策和法律等正式制度明确界定各利益主体的行为。具有中国特色的地方政府官员身份和激励机制，使得我们在研究中国特色碳减排制度变迁时，必须考虑地方政府的行为逻辑以及其在制度变迁中的角色和作用，这就要求在制定碳减排的政策时必须要有整体观、系统观。

　　总之，通过对中国碳减排过程中各行动主体的多重逻辑分析，给我们的启示主要有三点：第一，中国特色碳减排制度变迁过程实质上是国家治理逻辑、能源产业逻辑、社会公众和地方政府逻辑在制度环境或场域约束下长期互动的过程；第二，需要关注中观层面的能源产业行为和地方政府的科层制行为逻辑，因为它们会在很大程度上缩小甚至改变宏观碳减排制度政策的选择空间或机会集合；第三，在中国特色碳减排制度变迁过程中，国家或中央政府在应对气候变化方面的立场和态度的变化，以及及时运用权威对地方政府行为的纠错，其实质是制度的自我完善。

第三节　多重制度逻辑下中国特色碳减排省际绩效考察

一、多重制度逻辑下中国特色碳减排绩效

　　何为绩效（performance）？根据英国学者布鲁姆布里奇（Brumbrach，1988）的定义，"绩效是指行为和结果"。根据这定义，当对绩效进行评估与管理时，既要考虑投入（行为），也要考虑产出（结果）（范柏乃，2007）。绩效具有如下特征：绩效是人们行为的后果，是目标的完成程度，是客观存在的，而不是观念中的东西；绩效必须具有实际的效果，无效劳动的结果不能称为绩效；绩效是一定的主体作用于一定的客体所表现出来的效用，即它是在工作过程中产生的；绩效应当体现投入与产出的对比关系。绩效应当有一定的可度量性。对于实际成果的度量，需要经过必要的转换方可取得，具有一定的难

度，这正是评估过程必须解决的问题。

那么，什么是制度绩效呢？目前，学界尚无统一的定义，学者们基于各自研究的视角给出了自己的定义。柳新元（2002）对制度绩效的概念解释比较笼统，认为制度绩效就是既定制度得以实施应有的绩效。欧阳景根和李社增（2007）认为制度具有绩效性，制度的绩效性指的就是制度履行其功能、实现设计初衷和制度目标的能力。饶旭鹏和刘海霞（2012）给制度绩效下了一个明确的定义，指出制度绩效是指制度实施的效应、效果或功能，亦即社会制度的实施效果，制度是否达到了预期设计目标。制度绩效的内涵取决于制度的内涵，只有明确制度的内涵，作为制度实施效果和功能体现的制度绩效概念才能得到准确的认识。新制度经济学师承传统经济学的经济人假设，将个人经济利益之外的其他意识形态动机和有限理性纳入分析的范畴，相比传统经济学更为符合个体的现实是一大进步。但是，分析方法仍然坚持经济人的假设和个体主义，模糊了部分与整体质的差别，制度被视为个体之间的关系形式和个人选择的产物，因而"无法真正把握制度的本质和发展变迁的规律"（林岗和刘元春，2001）。马克思以唯物史观为基础，着眼于生产实践活动，对生产力、生产关系和制度三个范畴进行了科学的分析，从人与社会之间的关系来分析制度，跳出了个体主义的分析框架，克服了个体主义制度观的诸多缺陷。因此，马克思主义的整体主义制度观更为科学。制度绩效的定义是指与既定生产力所决定的生产关系相适应并维护这种生产关系的规则体系在实施中产生的效应、效果或功能（张明军和易承志，2013）。在本书第三章中，我们已对中国特色碳减排制度的内涵进行了阐述，中国的碳减排是以碳强度为衡量标准的相对减排，也是中国走低碳发展之路的目标。由于社会的经济绩效是资源禀赋、技术和制度三者共同作用的结果，其中任何一个因素的作用都不能完全分离出来，因此也就无法单独对制度的经济效果直接进行度量（周冰，2013）。结合中国碳减排的量化指标和目标，中国在2009年的根本哈根气候大会上承诺到2020年中国的碳排放比2005年降低40%~45%。那么，中国特色碳减排制度绩效实质就是中国特色碳减排制度的实施中产生的效应、效果或功能，亦即是否达到了预期设计的减排碳强度目标。因此，本书在后续的实证考察中将中国特色碳减排绩效等同于碳减排制度作用下所取得的可测量的效应、效果或功能。

在应对气候变化的国际文件中，2007年联合国第十三次缔约方大会（IPCC 2007）通过的巴厘行动计划（BAP）要求发展中国家采取"可测量，可报告和可核实"（MRV）的国内适当减缓行动以减缓温室气体的排放。发展中国家国内适当的减缓行动（NAMAs）需要得到发达国家"可测量、可报告和可核实"的资金、技术和能力建设支持。同时，IPCC2007建议利用四项主要标准对各项政策和行政干预手段进行评估，它们分别是环境绩效、成本效益、公平性和体制上的可行性。显然，这里强调发展中国家需要的是减缓行动而不是减缓承诺，而且要求考虑最适合各国国情的减缓政策与措施，同时考虑每个发展中国家的发展需要和制度条件。作为负责任的大国，中国为减少碳排放付出了诸多的努力，制定了一系列碳减排规章制度，但一些西方发达国家一直批评中国的立场文件中缺乏关于中国减排的量化指标。这就是中国以碳强度指标来衡量碳减排绩效的国际背景。碳强度是指单位国内生产总值的二氧化碳排放量。其计算公式为：

$$CI = Q_{CO_2}/GDP \qquad\qquad (3-1)$$

式（3-1）中，CI为碳排放强度，Q_{CO_2}为二氧化碳为碳排放量，由于碳排放量国内的统计数据没有公布，学者们研究都是根据各地区的能源消费量中各种化石能源的消费数据来测算，本书亦采用此方法。

二、中国省际碳减排绩效测度与影响因素分析

（一）中国特色碳减排制度绩效测度方法与数据处理

基本数据的选取和处理是一个十分重要工作，鉴于数据的可得性和实证研究的需要，由于我国没有公布二氧化碳排放方面的数据，本书国家层面的二氧化碳排放数据采用国际《BP世界能源统计年鉴》公布的数据，国内省级层面的数据以《中国能源统计年鉴》公布的能源实物消费量并以国内学术界公认的测算方法计算。本书选取了2005~2016年中国30个省份的二氧化碳排放数据和地区生产总值（Gross Regional Product，GRP）数据，西藏、台湾因数据缺失过多而不包括在内。其中，各地区二氧化碳排放量（万吨）以缩写二氧化碳表示。二氧化碳排放量无法直接从统计年鉴上获得，研究者多是根据研究的需要进行估算。碳排放测算方法主要有两种：模型估算法和物料衡算法。由于模型估算法需要构建估算模型，主要用于国家层面的碳排放测算，在区域和行业层面估算模型的构建难度大，估算模型不恰当会给碳排放测算带来较大误差，因而在区域和行业层面的碳排放通常采用物料衡算法。在统计碳排放的能源消费种类方面，各学者存在差异，如陈诗一（2012）选用一次能源煤炭、石油和天然气消费量，并用相应的碳排放系数估算出各省的

二氧化碳排放总量；杨振兵等（2016）考虑了17种能源的碳排放。为了全面反映各地区能源消费的碳排放真实情况，本书采用历年各地区能源平衡表（实物量）中的能源消费数据，2006～2009年能源平衡表提供了19种能源品种；2010～2017年能源平衡表提供了30种能源消费品种。本书考虑了除热力之外的其他所有能源。根据《2006年IPCC国家温室气体清单指南》中的计算方法，对样本区域的碳排放量进行估算。各地区的电力二氧化碳排放系数采用《省级温室气体清单编制指南》提供的系数。其他各类含碳能源的碳排放量为其实物消耗量与对应的碳含量、低位发热量、碳氧化因子及分子量之积。计算公式为：

$$C_t = \sum_{i-1}^{n} C_{i,t} = \sum_{i-1}^{n} E_{i,t} \times NCV_i \times CEF_i \times COF_i \times (44/12) \qquad (3-2)$$

式（3-2）中，C为估算的二氧化碳排放量，i为能源消费的种类，E为代表它们的消耗量。NCV为2014年《中国能源统计年鉴》附录4提供的中国各种一次能源的平均低位发热量。CEF为IPCC（2006）温室气体清单提供的碳排放系数。COF是碳氧化因子，各类含碳能源的氧化因子选用《中国煤炭生产企业温室气体排放核算方法与报告指南（试行）》中测得系数值。44/12为二氧化碳气化系数，是指碳完全氧化成为二氧化碳之后与之前的质量之比。

（二）中国特色碳减排制度的绩效分析

我国的碳强度减排目标是以国家身份对外承诺的，为此，我们首先从国家层面来考察目标的完成情况。从国家层面来看，我国2005年的GDP当年价格计算为187318.9亿元，2019年GDP为608468.4亿元（2005年基期价格），经济呈现稳定增长态势。同期我国碳排放量由2005年的5508.8万吨增长到2019年的10434.8万吨（见图3-6）。

由图3-6可以看出，中国二氧化碳排放量在2005～2013年期间仍然呈现上升趋势，但是，二氧化碳排放的增长率总体呈现下降趋势，仅在2008～2011年和2015～2019年呈现小幅回升。中国在国际上以碳强度方式履行应对气候变化责任，碳强度为碳排放总量与2005年基期价格计算的GDP的比值，利用《BP世界能源统计年鉴》公布的中国碳排放数据和《中国统计年鉴》历年的GDP增长指数获得2005年基期价格的GDP值，绘制中国碳强度走势图（见图3-7）。

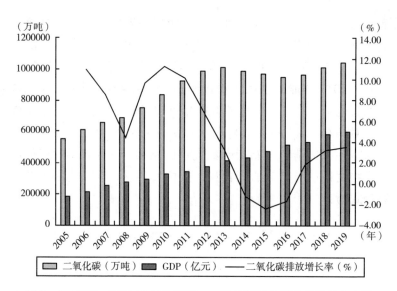

图 3 - 6　2005 ~ 2018 年中国 GDP、二氧化碳排放量及其增长率走势

资料来源：《CEADs 中国碳核算数据库》《中国统计年鉴》相关数据。

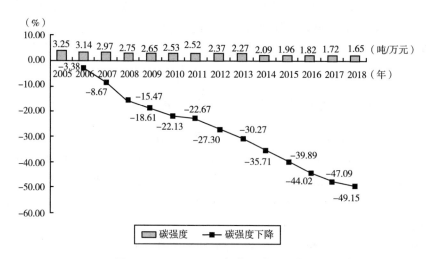

图 3 - 7　2015 ~ 2018 年中国碳强度走势

资料来源：根据《BP 世界能源统计年鉴》和《中国统计年鉴》数据测算。

由图 3 - 7 可以得知，中国碳强度在 2005 ~ 2018 年由 3. 25 吨碳排放/万元下降到 2018 年的 1. 65 吨碳排放/万元，下降幅度达到 49. 15% 。与中国承诺到 2020年单位国内生产总值二氧化碳排放比 2005 年下降 40% ~ 45% 目标相比，中国的碳强度减排目标提前实现了。在《中国应对气候变化的政策与行动 2018 年度报告》中，中国正式宣布提前 3 年完成碳强度下降目标。[①] 但是，从碳强度的下降阶段来看，2005～2011 年期间，我国碳强度的下降幅度越来越小，表明以节能提效的方式减排潜力越来越小。2012～2017 年我国碳强度下降较为迅速，其背后的原因主要是 2013 年之后全球经济进入新常态，我国供给侧改革下的"去产能"使得煤炭的消费量增长率迅速下降。这意味着市场化手段在调节我国国有能源产业转型升级中仍然是"弱联系"。2018 年之后，世界经济复苏，对能源需求增加，在能源结构没有根本改变的条件下，碳排放量上升，碳强度下降缓慢。

碳强度减排目标由中央逐级向地方政府下达，根据前文制度组织场域的分析，地方政府在制度的执行中受到多重制度逻辑的约束，为此，考察国家制度在地方政府层面执行力和约束力是研究的重点。根据《中国能源统计年鉴》中的分省能源平衡表，运用式（3－2）测算各省的终端能源消费量的碳排放数据。各地区生产总值（GRP）统一以 2005 年为基期按不变价格指数进行平减。依据测算的数据，运用式（3－1），可得中国 30 个省份 2005～2016 年的碳强度数据（见表 3－1）。

表 3－1　　中国省际碳强度变化（2005～2016 年）　　单位：吨二氧化碳/万元

地区	2005 年	2006 年	2008 年	2010 年	2012 年	2014 年	2016 年	下降幅度（%）
北京	1.1851	1.1252	0.9244	0.8092	0.6779	0.5535	0.4721	－60.17
天津	1.7736	1.7061	1.4937	1.3238	1.2000	0.9862	0.8175	－53.91
河北	3.3109	3.1688	2.9120	2.6025	2.4742	2.1200	1.8424	－44.35
山西	4.0488	3.9762	3.7868	3.2640	2.9706	2.5776	2.4107	－40.46
内蒙古	3.5298	3.1218	2.8397	2.6011	2.4046	2.0245	1.9319	－45.27
辽宁	2.3251	2.2708	2.1030	2.1425	2.0208	1.6832	1.5713	－32.42
吉林	2.8674	2.9384	2.2979	2.0687	1.7876	1.4411	1.1656	－59.35
黑龙江	1.7188	1.7670	1.5165	1.4149	1.4833	1.3595	1.3109	－23.73
上海	1.2726	1.2939	1.1181	1.0497	0.8811	0.7806	0.7012	－44.90
江苏	1.2672	1.1986	1.0928	0.9862	0.8878	0.7523	0.6824	－46.15
浙江	1.1926	1.1371	1.0217	0.8661	0.7962	0.6925	0.6134	－48.57
安徽	1.9161	1.9067	1.6954	1.4868	1.3409	1.1798	1.0318	－46.15
福建	1.4176	1.3348	1.1697	1.1285	0.9727	0.8095	0.6699	－52.75

[①] 我国提前 3 年完成碳强度下降目标 [EB/OL]. 光明日报，http://www.gov.cn/guowuyuan/ 2018－11/27/content_5343629. htm.

续表

地区	2005 年	2006 年	2008 年	2010 年	2012 年	2014 年	2016 年	下降幅度（%）
江西	1.3385	1.4210	1.3106	1.2334	1.1375	1.0570	0.9479	−29.18
山东	2.0496	1.9227	1.8290	1.5831	1.4673	1.1615	0.9009	−56.05
河南	1.9999	2.0429	1.7188	1.5378	1.2324	1.0510	0.8626	−56.87
湖北	2.4055	2.3522	2.2022	2.0740	1.9855	1.3366	1.1120	−53.77
湖南	2.6566	2.5071	2.0009	1.6093	1.4459	1.1509	1.0671	−59.83
广东	0.9256	0.9103	0.8536	0.7975	0.7021	0.5725	0.5299	−42.75
广西	1.6470	1.7353	1.6044	1.4622	1.4028	1.1793	1.0631	−35.45
海南	0.9221	0.9143	1.0707	0.9976	0.9431	0.8074	0.7444	−19.28
重庆	1.9697	1.7245	2.0007	1.7180	1.5258	1.0564	0.8671	−55.98
四川	1.5234	1.4789	1.6817	1.4845	1.3976	1.1578	0.9437	−38.05
贵州	5.1655	5.0432	3.6925	3.1948	3.1372	2.4829	2.1031	−59.29
云南	2.9325	2.6561	2.4001	2.1784	1.9341	1.5866	1.3383	−54.36
陕西	2.2705	2.0146	1.7555	1.7397	1.6482	1.3997	1.1880	−47.68
甘肃	3.2387	3.1035	2.7735	2.4198	2.2727	1.9941	1.6193	−50.00
青海	2.1507	2.6443	2.9568	2.3295	2.4960	2.2965	2.3208	7.91
宁夏	5.1467	4.8013	4.5579	4.1132	3.9302	3.7538	3.8528	−25.14
新疆	3.0272	2.9196	2.6619	2.5767	2.7890	2.4324	2.4738	−18.28
平均	2.3065	2.2379	2.0348	1.8264	1.7115	1.4479	1.3052	−43.41

资料来源：根据测算数据整理。

在表 3 - 1 中，我国的碳强度由 2005 年的 2.3 吨二氧化碳/万元下降到 2016 年的 1.3 吨二氧化碳/万元，下降了 43.41%。虽然我们测算的是终端能源消费量的碳排放量，但是，在我国中央政府、地方政府和能源产业的共同努力下，我国的碳减排绩效非常显著。碳强度指标是碳排放量和地区生产总值的比值，一般而言会随着技术进步和经济增长而下降。技术进步角度的分析需要建立模型进行测度，我们将在下一章进行分析；而经济增长情况，依据不变价格生产总值增长指数测算，我们可以得到，2005～2016 年，我国生产总值增长了 166.5%，年均增长率为 8.5%。而同期我国的能源消费总额由 261369 万吨标准煤上升到 2016 年的 435819 万吨标准煤，能源消费增长 166.7%，能源消费的年均增长率为 4.35%。能源增长率低于经济增长率，表明我国的节能提效的政策效果得到了。同时，从能源消费的结构来看，煤炭在能源消费结构中的比例由 2005 年的 72.4% 下降到 2016 年的 62%。由此可以得知，我国的碳减排绩效的取得是经济增长、能源结构改善和能源效率提升的结果，也就是各种制度共同作用的结果。

中国特色碳减排制度的减排绩效增加了我们的制度自信，但同时也应看到其中的不足：第一，我国的碳排放总量依然在增长，还没有达到总量减少的水平。根据联合国环境署发布的《2019 年全球排放差距报告》，如果在 21 世纪末将全球气温控制在比工业化前温度只增高 2℃的水平，2030 年前全球碳排放量必须逐年递减 2.7%；如果温升目标是 1.5℃，则年排放量应至少以 7.6% 的速度递减。而在过去的十年间，中国碳排放正以年均 2.5% 的速度增长，中国要实现《巴黎协定》的减排目标将要付出更为艰巨的努力。第二，我国省际的碳减排绩效不平衡，差距还比较大。在表 3－1 中，北京、天津和河北等 19 个省份下降幅度超过了平均数；其中，北京的碳减排绩效最高，下降幅度最大，达到 60.17%。但是，山西、辽宁、黑龙江等 11 个省份的碳减排绩效小于平均数，尤其是青海省碳强度甚至呈上升趋势。

（三）中国省际碳减排绩效的影响因素分析

上述分析表明，中国特色碳减排制度变迁的是多重制度综合作用的结果，碳强度发展的期望水平可理解为，地方政府为实现碳减排和经济发展的双重目标所预期实现的最佳碳排放水平。碳排放受到收入水平、产业转型升级、城镇化、技术、地方发展战略等因素的影响，碳强度也会随各影响因素的变化而发生变化。在此，我们借鉴迪茨和罗莎（Dietz and Rosa，1994）建立的 STIRPAT（stochastic impacts by regression on population，affluence and technology）模型来验证前文的分析：

$$I = aP^b A^c T^d e \qquad\qquad (3-3)$$

I、P、A 和 T 分别表示环境压力、人口规模、富裕程度和技术水平，a 为模型系数，b、c、d 分别为各个影响因素的指数，e 为模型误差。STIRPAT 模型允许研究者根据不同的目的和需要在其基础上进行相应的改进。根据本书的研究目的，我们用 I 表示碳强度减排压力，P 改为用能规模，在此主要考虑城镇化带来的能源需求，用城镇化人口指数 UI 表示。富裕程度以人均产出水平 PI 为指标。我们将技术水平分解为地区产业转型升级指标和能源效率指标，分别用用第二产业结构指数 IN 和 EE 表示。最后，我们还引入了两个与碳减排密切相关的变量。一是考虑到我国高碳能源产业（煤炭和石油）高度国有的所有制结构，在节能减排政策压力驱使下，地方政府会加大投资对能源产业固定设备进行改造以提高节能减排效率（例如加大对火电行业落后机组的升级改造），用分地区国有经济能源工业固定资产投资指标 EI 表示，并预期其系数符号为正。二是政府的市场化政策导向对相关经济变量无疑会产生不容忽视的影响。我国在 2011 年提出了碳排放交易市场试点目标，2013 年起在 6 个省份（北京、天津、上海、武汉、重新、广州和深圳）建立 7 个碳排放交易市场试点，这可能对本地区的能源消费与碳减排产生一定程度的促进作用。为反映和控制该政策性影响，我们引入了一个政策虚拟变量 I，将 2013 年、2014 年、2015 年和 2016 年四年 6 个试点省份取值为 1，其他年份取值为 0。

本章分别选取地区碳排放总量的自然对数（表示为 lnTC）和碳强度的自然对数（表示为 lnCI）作为被解释变量，以期得到全面的分析结果。经过对数化处理的面板模型为：

$$\ln(TC_{it}/CI_{it}) = \alpha_0 + \alpha_1(\ln PI_{it}) + \alpha_2(\ln UI_{it}) + \alpha_3(\ln IN_{it}) + \alpha_4(\ln EE_{it})$$
$$+ \alpha_5(\ln EI_{it}) + \alpha_6 I + \varepsilon_{it} \tag{3-4}$$

式（3-4）中，α_j（$j = 0, 1, \cdots, 6$）为待估参数，下标 i 表示地区，t 表示年份，ε 为随机扰动项。本书选择 2005~2016 年中国 30 个省份的区域面板数据作为研究样本。资料来源于《中国统计年鉴》（2006~2017）、《中国能源统计年鉴》（2006~2017）。

基于上述数据运用面板回归技术获得分析结果，绘制表 3-2 和表 3-3，分别报告了以 lnTC 和 lnCI 为被解释变量的分析结果。模型 1 至模型 6 分别依次添加了人均产出水平、城镇化水平、产业结构优化、能源效率、国有能源工业固定资产投资和政策虚拟变量。本书运用面板回归模型进行回归，旨在说明碳排放总量和强度之间存在因果关系，没有考虑组间效应。模型拟合度 R^2 在 70% 以上，表明各模型工具变量的选择均合理有效。

表 3-2　　碳排放总量的自然对数（lnTC）为被解释变量的分析结果

解释变量	模型 1	模型 2	模型 3	模型 4	模型 5	模型 6
lnTC	5.223 *** (0.1786)	6.0956 *** (0.3086)	5.5230 *** (0.3912)	4.1890 *** (0.3462)	4.3198 *** (0.3591)	4.6969 *** (0.3876)
LnPI	0.4198 *** (0.0112)	0.5163 *** (0.0307)	0.5206 ** (0.0307)	0.7579 *** (0.0318)	0.7212 *** (0.0385)	0.7288 *** (0.0381)
lnUI	—	-0.4764 ** (0.1412)	-0.4758 ** (0.1409)	-0.4287 *** (0.1166)	-0.4192 ** (0.1219)	-0.5196 *** (0.1272)

续表

解释变量	模型1	模型2	模型3	模型4	模型5	模型6
lnIN	—	—	0.1372 ** (0.0582)	-0.2276 *** (0.0560)	-0.2014 ** (0.0586)	-0.2136 *** (0.0581)
lnEE	—	—	—	0.6707 *** (0.0540)	0.6182 *** (0.0586)	0.5632 *** (0.0629)
lnEI	—	—	—	—	0.0213 (0.0143)	0.0208 (0.0141)
I	—	—	—	—	—	-0.0621 ** (0.02510)
R-sq: Prob > chi2	0.8088 0.0000	0.8145 0.0000	0.8170 0.0000	0.8813 0.0000	0.8809 0.0000	0.8827 0.0000

注：系数下括号内数值为标准差；*、**、*** 分别表示在1%、5%和10%水平上显著，其余表同。
资料来源：根据测算数据整理。

由表3-2可以看出，人均产出水平提高的系数为正，且在1%水平上显著。说明在人均产出与碳排放量的走势正相关。表明碳排放总量正随着经济产出的增加而增加。模型6中，城镇化水平与预想的不一样，并未加剧碳排放量；相反，城镇化水平每提高1%，碳排放总量降低0.52%。城镇化降低碳排放总量的原因主要是规模效应，由于城镇公共设施比较齐备，人口城镇化的边际成本较低。产业结构转型升级政策是我国碳减排制度中产业政策方面的措施，我国自2005年以后第二产业比重呈现持续下降趋势，这种趋势在地区之间同样存在。从回归的结果来看，产业结构优化政策在降低碳排放方面是有效的。能源效率的提升与碳排放总量呈正比例关系，即能源效率的提升没有降低碳排放量，反而是增加了碳排放。这是由于能效的提高使得能源利用的边际成本降低，有助于扩大能源需求，这就是所谓的"能源回弹效应"（Greening et al.，2000）。据杨莉莎等（2019）研究成果，2005~2015年，中国二氧化碳减排主要依赖技术进步的推动，技术进步带来的理论减排率为5.66%，但是，技术进步的宏观回弹效应平均为62%，实际减排率仅为2.1%。如前所述，我国在能源价格方面市场化体制尚不完善，能源没有与节能措施相互支持，以致随着节能产品的推广，能源的消费量也持续上涨，减排绩效不是十分显著。国有能源工业固定资产投资对火电机组的改造有助于降低二氧化硫、粉尘等环境污染物，但不能降低碳排放。最后，我们发现，碳减排交易市场制度的试点制度实施在降低地区碳排放总量方面具有显著显影。

表 3 - 3　　碳排放强度的自然对数（lnCI）为被解释变量的分析结果

解释变量	模型 1	模型 2	模型 3	模型 4	模型 5	模型 6
lnCI	4. 6174 ***	5. 1832 ***	2. 7196 ***	0. 6755 **	0. 6432 **	0. 6462 **
	(0. 1551)	(0. 3312)	(0. 3970)	(0. 2601)	(0. 2640)	(0. 2647)
LnPI	- 0. 4019 ***	- 0. 3382 ***	- 0. 3255 **	0. 0028	0. 0142	0. 0145
	(0. 0134)	(0. 0356)	(0. 0319)	(0. 0239)	(0. 0282)	(0. 0283)
lnUI	—	- 0. 3119 *	- 0. 2838 ***	- 0. 1624 *	- 0. 1728 *	- 0. 1744 *
		(0. 1613)	(0. 1451)	(0. 0876)	(0. 0887)	(0. 0890)
lnIN	—	—	0. 5797 ***	0. 0677	0. 0679	0. 0679
			(0. 0616)	(0. 0449)	(0. 0449)	(0. 0450)
lnEE	—	—	—	0. 9544 ***	0. 9625 ***	0. 9623 ***
				(0. 0395)	(0. 0410)	(0. 0413)
lnEI	—	—	—	—	- 0. 0085	- 0. 0084
					(0. 0112)	(0. 0112)
I	—	—	—	—	—	0. 0038
						(0. 0154)
R-sq:	0. 7290	0. 7311	0. 7866	0. 9088	0. 9091	0. 9091
Prob > chi2	0. 0000	0. 0000	0. 0000	0. 0000	0. 0000	0. 0000

注：*、**、*** 分别表示1%、5%、10%水平上显著。
资料来源：根据测算数据整理。

从表 3 - 3 中可以看出，在模型 1 至模型 3 中，人均产出水平与碳强度负相关，这主要是由于引入了经济增长这一变量，人均生产率的提高使绝对产出水平提高的幅度超过碳排放增加的幅度，从而出现上述分析结果，即人均产出率提升有助于降低碳排放强度的作用。同样，城镇化水平的提升和碳强度呈负相关关系，城镇化提升 1%，碳强度下降 0.17%，原因和上面人均产出率一样，主要是因为城镇第二、第三产业的生产率比第一产业的生产率要高，城镇化积聚生产方式带来经济总量的增加，从而使得碳排放与经济产出的比值降低。产业结构转型升级政策对碳强度减排的效应为正，在模型3中显著，但加入能源效率后不显著了。这里产业结构转型升级主要是第二产业比重下降第三产业上升，但第三产业的生产率没有第二产业高，因而，碳强度与产业结构关系虽然不显著，但相关关系为正。能源效率分析结果与表3－2的结果一致，即由于能源效率与碳强度相关关系为正，而且异常显著。能源效率提升1%能带来碳强度降低0.96%，表明我国碳强度下降主要是由于节能提效所致。国有能源工业投资虽然和碳强度呈现负相关关系，尽管不显著，但这也表明通过改造国有能源产业的固定设备可以降低碳排放强度。

由表3－2和表3－3的比较分析结果表明，无论是在碳总量减排还是碳强度减排模式下，中国省际的碳减排绩效是组织场域内多重因素的综合影响的结果。表3－3的分析结果可用于解释当前碳强度下降的原因；而表3－2揭示的关系可用于指导今后的碳减排政策，因为在人类命运共同体理念下，中国必然要实现碳排放总量的减少。

三、多重制度逻辑下中国碳减排绩效改善的结论与启示

通过对2005～2016年中国30个省市碳减排绩效情况的统计观察，我们发现，在碳强度减排模式下，中国特色碳减排制度的减排绩效显著，截至2016年，30个省份的平均碳强度降低了43.41%，但是省际差异较大。计量分析结果则显示，中国省际碳减排总量和碳强度受多种因素影响。其中，城镇化与能源效率在碳排放总量和碳强度的回归分析中关系一致，表明技术提升了能源效率、满足了人们对能源的需求，但如果不改变能源结构，能源消费总量的增加仍然会使碳排放总量提升；同时，能源效率的提升，使得经济活动中实际用能节约了进而减少了碳排放。产业结构转型升级政策虽然与碳强度减排关系回归为正但不显著。另外，碳交易市场制度的试点运行有助于地区碳排放总量的降低，说明市场激励制度更有利于调动相关主体的积极性。因此，我国短期内在能源结构没有根本的改变的情况下，节能提效将仍然是我国碳减排制度的重要内容。

通过上述分析得到以下政策含义。第一，碳排放总量与人均产出之间关系表明，随着经济收入水平的提升人们对能源的需求将会要求更多，尤其是我国当前地区间发展不平衡，经济落后的地区在经济发展之后必然会增加对能源的需求。因此，如果不从根本上优化能源结构，我国碳排放的峰值就很难达到拐点。第二，我国当前仍然处于城镇化过程中，城镇化的规模效应和较高的生产

率吸引着农村居民到城镇生活就业。对于不同地区的城镇化的政策应该有所差异，尤其是大城市，应考虑到一定区域生态阈值。第三，产业结构优化政策在总量减排中作用显著，但产业的转型升级以知识和技术为基础，在促进产业优化升级的之策制定中，应加大对创新和技术进步的激励。第四，国有能源工业的固定资产投资表明，投资与碳排放是正相关关系，说明我国的投资重点仍然在高碳能源产业，今后，能源投资应大力增加可再生能源的投资。第五，我国的碳减排交易市场试点在地区碳排放总量中作用显著，但是，目前我国碳减排市场制度建设还不够完善，没有进行总量限制，对减排的作用还有限，可借鉴发达国家在碳减排交易市场制度的建设经验。

第四章 中国省际碳减排制度绩效的技术差距因素考察

碳锁定是技术与制度的综合体，技术是破解碳锁定的核心因素。生产力决定生产关系、生产关系一定要适应生产力的基本原理意味着生产力的多层次性必然要以制度的多样性相适应。中国省际生产力的多层次性是一个重要的现实，如何测度省际技术差距是制定多样化政策的一项基础工作。为此，本章通过构建一个技术异质性下碳排放效率测度框架，分析中国省际不同组织场域下碳排放效率差异的技术差距，以为碳减排制度创新提供依据。

第一节 技术进步的内涵、测度方法与环境领域应用

一、技术进步的内涵

技术进步是什么？不同学科领域的学者往往有不同的理解。一般而言，技术进步的定义有广义和狭义之分。广义的技术进步包括自然科学技术的进步和社会科学的进步两大方面。自然科学技术的进步通常指狭义的技术进步，可分为技术进化和技术革命两类，当技术进步表现为对原有技术或技术体系的改革创新，或在原有技术原理或组织原则的范围内发明创造新技术和新的技术体系时，这种进步称为技术进化。狭义技术进步按过程划分主要包括三个阶段：发明、技术创新、技术扩散和技术转移及引进。广义技术进步还包括社会科学的进步，即决策水平、管理水平、智力水平等软技术的进步。软技术进步内容较为芜杂，包括改革政治体制、推行新的经济体制、改善生产资源的合理配置、改善或采用新的决策方法、采用能长期激发人的积极性的分配体制与政策、采用新的方针政策、采用新的组织与管理方法、用新的理论与方法去激发人们的

建设积极性等。

经济学意义上的技术进步是指当价格保持不变时，同样的投入能够获得更多的产出，或者是同样的产出仅需要更少的投入。也就是说，一切导致生产效率提高的技术都构成技术进步的因素。从内涵来看，一般包括五个方面：（1）"硬"技术进步，即采用新设备和改造旧设备，采用新工艺和改进旧工艺，采用新的原材料和能源，生产新产品和改进老产品；（2）劳动者素质的提高，包括但不限于劳动技能的提高；（3）资源的重新配和规模节约；（4）管理水平的提高，管理含系统内政策；（5）对周边环境适应能力的提高，周边环境指更大系统的制约、上级制定的政策、自然环境等对经济发展的影响因素等（王清杨和李勇，1992）。技术进步的来源主要包括研发（R&D）、干中学（learn and doing）以及知识的溢出效应（knowledge spillovers）。其中，干中学是古典经济增长模型中的一个概念，干中学的经济学含义是技术内生化增长模型的主要内容。技术之所以被视为内生变量，是因为技术变动最重要的一个源泉是观察实践，而不是经过专门研究开发出来的。这里所说的技术不光是生产技术，还包括管理知识。知识溢出和知识传播都是知识扩散的方式。知识传播是知识的复制，而知识溢出则是知识的再造。知识溢出过程具有激励效应、链锁效应、交流效应、模仿效应、带动效应、竞争效应。新经济增长理论和新贸易理论都认为，知识溢出和经济增长有密切的联系。经济学意义的技术进步属于狭义上的技术进步，由于度量上的困难，通常以全要素生产率作为技术进步的指标。

二、技术进步的测度方法

马克思开创了关于技术进步在制度变化和经济发展中的革命性作用的理论，此后，美籍奥地利经济学家约瑟夫·熊彼得将技术进步作为理论体系的核心，以独特的创新理论来解释资本主义的经济发展和周期波动。由此，技术进步在经济增长中所起的积极作用逐渐被经济学家所认识，也引起了众多经济学家及其他相关学科领域的学者极大的兴趣，拓展了技术进步在经济增长中所起作用的定量测算理论方法研究和实际验证工作。从现有方法来看，主要包括生产函数法、丁伯根改进法、索洛余值法和前沿面生产函数法。其中，前沿面生产函数法又可分为参数法（随机前沿生产函数法）和非参数法（数据包络分析法）。

（1）生产函数法。生产函数法是对生产系统实际投入产出关系的一个简化和抽象，反映了一个生产单元按照一定方式组合各种生产要素的投入量与最大产出量之间的依存关系。生产函数法的建立是以已知的技术水平为前提，以既定的技术水平下产出最大化为目标，从而把技术水平纳入与反映生产规模的资金与劳动投入量有关的函数，即 $Y = f(A，K，L)$。但是，现实中由于具体的生产系统的实际产出并非是"最大产出"。因此，生产函数对实际生产系统的诸参数的求解必须在最优假设（成本最小化、产出最大化和生产要素与产品处于完全竞争市场）的前提下进行。技术进步研究是以生产函数为基础的，生产函数的假设给应用带来了很大的局限性。

（2）丁伯根改进法。柯布和道格拉斯（Cobb and Dauglas，1928）提出的生产函数（以下简称 C-D 生产函数），即 $Y = AL^{\alpha}K^{\beta}$，$\alpha + \beta = 1$。A 为规模参数，经济意义上标志生产技术水平，即在等量资本和劳动力的条件下，A 越大说明该生产单元的技术水平或生产管理水平越高。α 和 β 为分布参数，$\alpha = \dfrac{\partial Y}{Y} / \dfrac{\partial L}{L} = \dfrac{\partial Y}{\partial L} \cdot \dfrac{L}{Y}$，$\beta = \dfrac{\partial Y}{Y} / \dfrac{\partial K}{K} = \dfrac{\partial Y}{\partial K} \cdot \dfrac{K}{Y}$，经济意义为：在其他要素投入不变的情况下，劳动（或资本）要素的投入每增加 1%，产出增加比例为 β%，因此，C-D 生产函数也叫劳动（或资本）产出弹性系数。丁伯根（Tinbergen J，1942）对 C-D 生产函数进行改进，即 $Y(t) = A_0 \exp(rt) K_t^{\alpha} \cdot L_t^{1-\alpha}$。以全要素生产率 $A(t) = A_0 \exp(rt)$ 随时间的变化来反映生产系统效率的提高、技术的进步。丁伯根改进的生产函数反映了生产系统，资金产出弹性是常数，将规模报酬的影响归入全要素生产率 $A(t)$ 的变化，从而可以对满足近似条件的生产系统的技术进步进行求解。虽然应用的局限性仍然很大，但毕竟为测算技术进步提供了可能。丁伯根也因发展了动态模型分析经济进程而获得了第一届诺贝尔经济学奖。

（3）索洛余值法。"余值"一词源于阿布拉莫维茨·摩西（Abramovitz M，1956）的《1870 年以来美国的资源和产出趋势》，该研究发现在实际的产出增长中仅有一部分归因于资本和劳动的增加，而另有相当一部分来自其他一些因素，这些其他因素造成的产出增长被学界称为"余值"。所谓"余值"也就是产出增长中不能用生产要素增加所解释的那部分增长。索洛（Solow R M，1957）首次提出用总量生产函数测度技术进步和生产要素在经济增长中作用的方法，这种方法即索洛余值法。索洛提出，总生产函数可以写成为非特定的一般形式 $Y_t = F(K_t，L_t，t)$，式中，Y 产出（实际国内生产总值），K 为资本投入，L 为劳动投入，在函数 F 中引入时间变量 t 表示技术变化随时间 t 变化而自由变化。索洛假设技术进步 Hicks 中性的生产函数为 $Y_t = A_t f(K_t，L_t)$，式

中 A_i 称为技术效率系数或全要素生产率。由此可得增长函数方程：$\dfrac{\Delta Y}{Y} = \dfrac{\Delta A}{A} +$ $A\dfrac{\partial f(\bullet)}{\partial K} \cdot \dfrac{K}{Y} + A\dfrac{\partial f(\bullet)}{\partial L} \cdot \dfrac{L}{Y}$，资本和劳动的相对份额为 $\omega_k = \dfrac{\partial Y}{\partial K} \cdot \dfrac{K}{Y}$ 和 $\omega_L =$ $\dfrac{\partial Y}{\partial L} \cdot \dfrac{L}{Y}$。进一步变换可得：$\dfrac{\Delta Y}{Y} = \dfrac{\Delta A}{A} + \omega_K \cdot \dfrac{\Delta K}{K} + \omega_L \cdot \dfrac{\Delta L}{L}$，则全要素生产率为：$\dfrac{\Delta A}{A} = \dfrac{\Delta Y}{Y} - \omega_K \cdot \dfrac{\Delta K}{K} - \omega_L \cdot \dfrac{\Delta L}{L}$，索洛余值亦即除资本与劳动要素增加之外的其他因素所带来的产出增长。索洛余值的计算除了前提中假设技术进步 Hicks 中性以外，还假设 ω_K 和 ω_L 不随时间变化而变化。然而，现实中的生产系统投入要素的产出弹性既与要素本身的技术进步水平有关，也与要素之间的配置比例有关。这种由生产要素本身的技术进步变化和要素间配比的变化而引起的产出变化属于集约式增长，属于与外延扩大再生产相对应的内涵扩大再生产。严格来讲或是长期而言，任何生产系统中 ω_K 和 ω_L 都是随时间变化而变化的。因此，索洛余值法只适用于在一个较短的时期内或是 ω_K 和 ω_L 随时间的变化不太明显的生产系统。索洛余值法假设了技术进步中性和整个计算期内规模收益不变，这一理论缺陷使得索洛余值的使用范围大为缩小。

（4）生产前沿面法。生产前沿面法的理论是前沿生产函数，同样是以生产函数理论为基础。由于传统的生产函数只反映样本各投入因素与平均产出之间的关系，实际反映的平均生产函数在应用中存在诸多的局限性。法雷尔（Farrell, 1957）在研究生产有效性问题时开创性地提出了前沿生产函数（frontier prodution function）的概念。前沿生产函数反映了在具体的技术条件和给定生产要素的组合下，生产单元各投入组合与最大产出量之间的函数关系。这种对既定的投入因素进行最佳组合，计算所能达到的最优产出，类似于经济学中所说的"帕累托最优"，称为前沿面。前沿面是一种理想的状态，现实中生产单元很难达到这一状态。每个生产单元都有各自最优生产前沿面，其实际的产出与最优前沿面所表示的最大可能产出之间存在一定的差距，这一差距也就反映了效率上的损失。在生产单元的效率测度中，若一个生产单元是技术有效的，则该生产单元的生产运营处于前沿面上，此时生产经营的效率就是 1；反之，若生产单元的生产运营状态处于前沿面之下，则说明该生产单元在效率上有损失，这样的生产运营状态称为非有效的。通过比较各生产单元实际产出与理想最优产出之间的差距可以反映出各具体单元的综合效率。前沿生产函数的效率测度只是研究的第一步，重点是下一步对效率发生变化原因的解释。基于这一思想，艾格纳和楚（Aigner and Chu, 1968）提出了前沿生产函数模型，将生产单元的效率分解为技术前沿（technological frontier）和技术效率（technical efficiency）两个部分，前者刻画所有生产者函数中最优前沿（frontier of the production function），而生产前沿面所表示的产出是该生产单元的技术进步水平，特别是"硬技术"的技术进步水平。因此，可用它来研究技术进步问题。后者描述个别生产者实际技术与技术前沿的差距。

确定性前沿生产函数模型：$Y = f(X) \exp^{(-u)}$。其中 u 大于等于 0，因而 $\exp^{(-u)}$ 介于 0 和 1 之间，反映了生产函数的非效率程度，也就是实际产出与最大产出的距离。由于确定性前沿生产函数没有考虑到生产活动中存在的随机现象，艾格纳、洛弗尔和施密特（Aigner, Lovell, Schmidt, 1977）同米乌森与布罗克（Meeusen, Broeck V D, 1977）几乎同时引进了随机前沿生产函数 $Y = f(X) \exp(v - u)$，其中，v 代表影响生产活动的随机因素，一般假设它是独立同分布（i. i. d）的正态随机变量，具有 0 均值和不变方差；$f(X) \exp(v)$ 代表随机前沿生产函数；μ（非负）代表生产效率或管理效率。模型的一般形式为：$\ln(y_{it}) = f(x_{it}, t, \beta) + \upsilon_{it} - \mu_{it}$，$i = 1, 2, 3, \cdots, T$。其中，$y_{it}$ 为第 i 个生产单元 t 时期的产出，x_{it} 为第 i 个生产单位 t 时期的投入向量，$f(\bullet)$ 为待定函数，如 C-D 函数或者超越对数（translog）函数；t 为时间趋势，反映技术变化；β 为待估向量参数。然后运用极大似然估计方法，可以得到函数的未知参数 β 和第 i 个生产单元 t 时期的技术效率（technical efficiency change，TEch）$TE_{it} = E(\exp(-U_{it}) \| V_{it} - U_{it}) = d_0^t(x_{it}, y_{it})$。通过计算 s 时期与 t 时期的技术效率，则可以测算 $TE_{chit} = TE_{it}/TE_{is} = d_0^t(x_{it}, y_{it})/d_0^s(x_{is}, y_{is})$，得出从时期 s 到 t 时期的效率变化。

参数法下技术进步变化率（technical change，TECHch）的计算，可以直接对模型求时间 t 的偏导数：$TECH_{ch} = \left\{ \left[1 + \dfrac{\partial f(x_{it}, s, \beta)}{\partial s} \right] \times \left[1 + \dfrac{\partial f(x_{it}, t, \beta)}{\partial t} \right] \right\}$，进而计算出生产单元由 s 时期到 t 时期技术进步变化率。参数法下全要素生产率（total factor productivity change，TFPch）为 $TFP_{st} = TECH_{ch} \times TE_{ch}$。随机前沿生产函数属于参数法，参数法沿袭了传统生产函数的估计思想，主要运用最小二乘法或极大似然估计法进行计算。该方法测算技术进步我们将在第七章继续介绍，并用该方法测算中国省际技术进步偏向问题。

生产前沿面法还包括非参数的数据包络分析方法（data envelopment analysis，DEA）。法雷尔（Farrell, 1957）提出用逐段凸函数逼近的方法进行前沿面估计，但是，学术界很长一段时间内未能获得突破，直到查恩斯、库珀和罗兹（Charnes, Cooper, Rhodes, 1978）提出一个面向投入模型并假设规模不变的

DEA 模型，简称 CCR 模型，开启了生产前沿非参数方法研究的一个里程碑。该方法是在传统效率评价单输入单输出的效率概念的技术上，构建能够评估具有多投入多产出同类决策单元（DMU）相对有效性的效率评估体系。非参数的 DEA 方法对技术进步的测度主要是运用 Malmquist 指数（Malmquist S，1953）来测度。卡夫等（Caves et al.，1982）运用 Malmquist 指数测算生产率变化，随后，法尔等（Färe et al.，1986；1989；1994）学者将 Malmquist 指数与查恩斯等（Charnes et al.，1978）建立的数据包络分析方法 CCR 模型相结合，运用 Shephard 距离函数（distance function）将全要素生产率增长（total factor productivity change，TFPch）分解为技术变动（technical change，TECHch）与技术效率变动（technical efficiency change，TEch）。$TFP_{ch} = TECH_{ch} \times TE_{ch}$，$TE_{ch} = \dfrac{d^{t+1}(x_{t+1}, y_{t+1})}{d^{t}(x_t, y_t)}$，$TFP_{ch} = \left[\dfrac{d^{t}(x_{t+1}, y_{t+1})}{d^{t}(x_t, y_t)} \times \dfrac{d^{t+1}(x_{t+1}, y_{t+1})}{d^{t+1}(x_t, y_t)} \right]^{\frac{1}{2}}$。其中，距离函数 $d^{t}(x_t, y_t)$ 代表以第 t 期的技术表示的当期的技术效率水平，$d^{t+1}(x_{t+1}, y_{t+1})$ 代表以第 t+1 期的技术表示（即以第 t+1 期的数据为参考集）的当期技术效率水平，$d^{t}(x_{t+1}, y_{t+1})$ 代表以第 t 期的技术表示（即以第 t 期的数据为参考集）的 t+1 期技术效率水平，$d^{t+1}(x_t, y_t)$ 代表以第 t+1 期的技术表示第 t 期的技术效率水平。若 $TFP_{ch} > 1$，即表示全要素生产率呈增长趋势；反之，则是下降趋势。若 $TECH_{ch} > 1$，即生产边界提升，表示技术进步；反之，则意味技术衰退；若 $TE_{ch} > 1$，表示技术效率上升；反之，则是技术效率衰退。

　　非参数 DEA 分析方法模型众多，求解方法也各不相同。以产出导向的 CCR 模型（规模报酬不变）为例，全要素生产率增长变化、技术进步变化和技术效率变化需要通过求解四个距离函数 $d^{t}(x_t, y_t)$、$d^{t+1}(x_{t+1}, y_{t+1})$、$d^{t}(x_{t+1}, y_{t+1})$ 和 $d^{t+1}(x_t, y_t)$ 的线性规划方程组。其中，

$$\left[d_0^{t}(x_t, y_t) \right]^{-1} = \max\theta, \lambda\theta \qquad s.t.\ -\theta y_{i,t} + Y_t\lambda \geq 0, x_{i,t} - X_t\lambda \geq 0\ , \lambda \geq 0;$$

$$\left[d_0^{t+1}(x_{t+1}, y_{t+1}) \right]^{-1} = \max\theta, \lambda\theta \quad s.t.\ -\theta y_{i,t+1} + Y_{t+1}\lambda \geq 0, x_{i,t+1} - X_{t+1}\lambda \geq 0, \lambda \geq 0;$$

$$\left[d_0^{t}(x_{t+1}, y_{t+1}) \right]^{-1} = \max\theta, \lambda\theta \quad s.t.\ -\theta y_{i,t+1} + Y_t\lambda \geq 0, x_{i,t+1} - X_t\lambda \geq 0, \lambda \geq 0;$$

$$\left[d_0^{t+1}(x_t, y_t) \right]^{-1} = \max\theta, \lambda\theta \qquad s.t.\ -\theta y_{i,t} + Y_{t+1}\lambda \geq 0, x_{i,t} - X_{t+1}\lambda \geq 0, \lambda \geq 0_{\circ}$$

式中，X 为投入向量；Y 为产出向量；θ 为一标量，表示规模报酬不变时 i(i = 1，2，3，…，N，表示各个生产单元) 生产单元的技术效率，满足 0 < θ < 1；λ 是常数向量。

三、数据包络分析方法在经济环境技术领域的应用

20世纪80年代以来，随着环境污染和全球气候变化问题越来越突出，学术界开始将环境污染纳入经济增长分析框架。皮特曼（Pittman R W, 1983）首次尝试用参数法将副产出引入效率测度，但参数法要求获取污染等负产出的价格，由于这类产品并不符合人类需要，因而获取价格存在较大困难。在应对全球气候变化的大背景下，学者们在研究方法和指标方面进行了不断的探索，相继提出了"碳生产率"（Kaya et al., 1993）"碳化指数"（Mielnik and Goldemberg, 1999）、"能源强度"（Ang, 1999）以及"碳强度"（Sun, 2005）等指标，来衡量和分析生产组织的碳减排差异。这些指标都是单要素指标，所谓"单要素"就是以二氧化碳排放总量与某一要素的比值来表示。单要素指标直观、易于理解和计算，适用于时间序列数据，也合乎经济原理。但是，经济生产活动是多要素参与的结果，单要素指标由于没有考虑指标的相互替代，因而难以挖掘不同生产单元之间效率差异的深层次原因。全要素或称多要素指标是指总产出与综合要素投入之比率。所谓综合要素投入是所有要素投入的某种加权平均（张军, 2003）。基于生产函数度量生产单元的全要素生产率技术状况存在无法区分"硬技术"和"软技术"各自所起作用大小的困难，而前沿面生产函数可以通过指数分解的方法，进一步分析生产单元的全要素生产率增长水平高低的原因，即究竟制度（管理、效率）因素起主要作用，还是技术（设备）因素起主要作用，在对不同生产单元进行对比分析时，可从技术进步变化和技术效率改善两个方面分别挖掘，而不同于全要素生产率只能综合性对比分析。分析的结论更能启发不同生产单元针对具体存在的问题采取相应措施有效地提高技术进步水平。洛弗尔（Lovell C K, 1993）发表了一篇估计前沿面的杰出文献，提出随机前沿分析和数据包络分析两种基本方法。理论和方法的创新为技术进步的测度提供全新的分析工具和视角，学者们将 Malmquist 指数、Malmquist-Luenberger 指数模型应用于宏观（国家）、中观（区域和产业）和微观（企业）二氧化碳排放评价中，且已经逐渐成为国内外二氧化碳效率研究的首选方法（Chung et al., 1997；Zaim and Taskin, 2000；Zofio and Prieto, 2001；Surender Kumar, 2006；Mika Kortelainen, 2008；Zhou et al., 2010；Donghyun Oh., 2010）。随着全要素生产率理论研究的发展，包含二氧化碳等副产出的经济活动的效率、生产率测度成为新兴研究的方向。

我国以碳强度为碳减排评价指标，属于单要素指标。单要素指标在评价碳

减排"行为和结果"简单易行，具有较强的应用性。但是，碳强度是我国对外减排承诺的使用的指标，国家间的差异已经在总量减排和增量减排上予以考虑；而在一国之内有经济发达和不发达省份之分，且不同省份之间资源禀赋差异较大。碳强度指标仅考虑产出结果没有考虑到投入要素，无法体现地区间减排的努力行为。另外，在生产活动中能源本身不能单独获得产出，必须与资本、劳动等生产要素结合。二氧化碳也是在生产活动中能源与资本、劳动等生产要素结合产生的负产出，显示出明显的"全要素"（total factor）特点，如仅以碳排放与投入或产出中某一比值来衡量，则忽略了经济发展、能源结构以及要素替代对二氧化碳排放绩效的影响作用，不能够对决策单元的碳排放绩效进行全面真实的测度和评价。因此，从全要素角度考虑相关要素构造的指标才更为合适（Ramanathan，2002）。再有，正如上文所指出，不同地区在碳减排约束下的全要素生产率增长贡献究竟是制度因素还是技术因素，可以说还是一个"黑箱"，这需要研究方法上的创新。《2001 气候变化：IPCC 第三次评估报告》指出，在解决温室气体减排和气候变化的诸多要素中，技术进步的作用超过其他所有因素，是最重要的因素。由于 Malmquist 指数测算全要素生产率因其无须设定生产函数的形式、投入产出成本方面的信息，仅需投入产出束的数量和可以进一步分解为科技进步和技术效率等优点而被学者们（陈诗一，2009，2011；涂正革，2012；李涛，2013；李小胜和宋马林，2015；程时雄和柳剑平等，2016；王荧和王应明，2019；王文举和陈真玲，2019）广泛运用于包含二氧化碳产出的效率测度。此类研究表明，数据包络分析方法适用于我国碳减排领域的全要素生产率测度与分析。

第二节　技术异质性框架下中国省际碳排放效率测度模型

一、Malmquist 生产率指数

衡量生产力的主要指标有两个：劳动生产率（labour productivity）和全要素生产率（total factor productivity，TFP）。在早期的研究中，部分学者将 productivity 直接翻译为"生产力"，例如涂正革和肖耿（2005），赵伟、马瑞永和何元庆（2005），以及庞瑞芝和杨慧（2008）等。为了和马克思的生产力概念相区别，本书采用通行译法"生产率"表示，劳动生产率是指劳动者在一定

时期内创造的劳动成果与其相适应的劳动消耗量的比值。劳动生产率是单要素指标，全要素生产率由于衡量更全面而被广为采用。

Malmquist 指数由瑞典经济学家和统计学家马姆奎斯特（Malmquist S，1953）提出，最初用来分析不同时期的消费变化，随后凯夫斯等（Caves et al.，1982）将该指数引入投入产出分析，并提出 Malmquist 生产率指数（Malmquist Productivity Index，MPI）。假设对于给定生产活动 m 个投入要素 x，投入向量为 $x \in R_+^M$，有 n 个期望产出，产出向量 $y \in R_+^N$ 表示，J 个非期望产出，非期望产出向量 $b \in R_+^J$，存在所有可能的产出构成的集合称为产出集，用 $p(x)$ 表示：

$$p(x) = \{(y,b) : x \text{ 可以生产出} (y,b)\} \tag{4-1}$$

假设同时存在期望和非期望两种产出，则生产技术满足下列假设：

（1）期望产出和非期望产出处理具有非对称性。投入要素 x 和 "期望" 产出 y 具有强可处置性（strong/free disposable），如果 $x' \geq x$ 那么 $P(x') \supseteq P(x)$，表明当用于生产活动投入增加时，生产前沿不会收缩；如果 $(y,b) \in P(x)$ 且 $y \geq y'$，那么 $(y', b) \in P(x)$，表明 "好" 产出强可处置没有任何附加成本。

（2）期望产出和非期望产出具有零结合性（null-jointness）；如果 $(y,b) \in P(x)$ 且 $b = 0$，那么 $y = 0$；表明仅在期望产出为零的前提下，非期望产出才可能为零。

（3）非期望产出具有弱可处置性（weakly disposable）：如果 $(y,b) \in P(x)$ 且 $0 \leq \theta \leq 1$，那么 $(\theta y, \theta b) \in P(x)$；表明减少非期望产出是有成本的，即在既定投入下，期望产出的减少仅在非期望产出同时减少时才有可能，这保证了生产前沿的凸性。

传统的 malmquist 指数使用谢泼德（Shephard）函数定义产出距离（见图 4-1），表示技术的有效性：

$$D_0(x,y,b) = \inf\{\theta : ((y,b)/\theta \in p(x))\} \tag{4-2}$$

谢泼德产出距离函数表示期望产出和非期望产出同是扩张，它的倒数就是费雷尔技术效率产出评价方法（Färrell，1957）。设在 t = 1，2，…，T 时间段内，则法尔、格罗斯克夫、洛弗尔林德格伦（Färe，Grosskopf，Lindgren，Roos，FGLR）的产出导向 malmquist 指数可以定义为：

$$M_{t,t+1} = \left[\frac{D_o^t(x_{t+1}, y_{t+1}, b_{t+1}) D_o^{t+1}(x_{t+1}, y_{t+1}, b_{t+1})}{D_o^t(x_t, y_t, b_t) D_o^{t+1}(x_t, y_t, b_t)} \right]^{\frac{1}{2}} \tag{4-3}$$

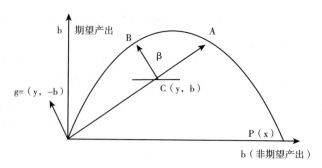

图 4 - 1　距离函数

同时，Malmquist 生产率指数可以进一步分解为技术进步（TC）和效率改善（EC），用以分析技术进步方面的变化和因管理方面的改善而引起效率方面的变化（Caves and Diewert，1982）。以下为 Malmquist 指数分解：

$$EC_{t,t+1} = \frac{D_o^t(x_{t+1}, y_{t+1}, b_{t+1})}{D_o^t(x_t, y_t, b_t)} \qquad (4-4)$$

$$TC_{t,t+1} = \left[\frac{D_o^t(x_{t+1}, y_{t+1}, b_{t+1}) D_o^t(x_t, y_t, b_t)}{D_o^{t+1}(x_{t+1}, y_{t+1}, b_{t+1}) D_o^{t+1}(x_t, y_t, b_t)} \right]^{\frac{1}{2}} \qquad (4-5)$$

$$M_{t,t+1} = MEFFCH_{t,t+1} \times MTECH_{t,t+1} \qquad (4-6)$$

式（4-4）、式（4-5）和式（4-6）分别是效率改善指数、技术进步指数以及二者的乘积。

二、Malmquist-Luenberger 生产率指数

Malmquist 指数具有诸多优点。第一，这是全要素生产率指数，比单要素生产率指数测度更为全面。第二，也许是最重要的，就是它只需要有关投入和产出的信息；与费希尔（Fisher）和特恩克维斯特（Törnqvist）指数相比，该指数除了需要数量数据，还需要有关投入和产出价格方面的信息。Malmquist指数不需要价格信息方面优点使它可以测度诸如污染之类企业生产的效率。但是，由于其效率测度方法基于谢泼德距离函数，使得企业减少污染的情形无法考虑。例如，图 4-1 中，对于产出观察点 C，产出的最大值是 A 点，产出效率为 OC/OA，期望产出和非期望产出同比例增长被认为是有效的。生产过程中产生的环境污染等是非期望产出，环境污染物减少、产出增加才是有效率的。为此，学者们引入了方向性距离函数（directional distance function，DDF），用以处理生产过程中含有负产出的效率问题，并将其定义的 Malmquist-Luenberger（ML）的生产率指数（Chung et al.，1997），设向量 $\vec{g}=(\vec{g}_y,\vec{g}_b)$ 是方向向量，$\vec{g}\in R_+^M\times R_+^J$。其具体形式为：

$$\vec{D}(x,y,b;\vec{g}_y,\vec{g}_b)=\max\{\beta:(x,y+\beta\vec{g}_y,b-\beta\vec{g}_b)\in P\} \qquad (4-7)$$

方向向量 $\vec{g}$ 通过"期望"产出扩张和"非期望"产出收缩决定产出的方向。从而可以将碳减排与经济增长目标同时纳入全要素二氧化碳排放效率指标之中。设定方向向量 $\vec{g}=(y,b)$，如图 4-1 所示，决策单元 C 的方向向量是以原点始点的方向箭线，β 表示其方向性距离函数，β 越小，说明决策单元 C 实际生产点越接近生产前沿面，效率越高；反之，则效率越低；$\beta=0$ 时，表示决策单元 F 位于生产前沿面上。

由此定义的 Malmquist-Luenberger 生产率指数，记为 ML：

$$ML_{t,t+1}=\left[\frac{(1+(D_o^t(x_t,y_t,b_t,-b_t))(1+(D_o^{t+1}(x_t,y_t,b_t;y_t,-b_t))}{(1+(D_o^t(x_{t+1},y_{t+1},b_{t+1};y_{t+1},-b_{t+1}))(1+(D_o^{t+1}(x_{t+1},y_{t+1},b_{t+1};y_{t+1},-b_{t+1}))}\right]$$

$$(4-8)$$

Malmquist-Luenberger 生产率指数同样可以分解为技术进步（TC）和效率改善（EC）：

$$EC_{t,t+1}=\frac{D_o^t(x_t,y_t,b_t,-b_t)}{1+D_o^{t+1}(x_{t+1},y_{t+1},b_{t+1};y_{t+1}-b_{t+1})} \qquad (4-9)$$

$$TC_{t,t+1}=\left[\frac{\{1+D_o^{t+1}(x_t,y_t,b_t,-b_t)\}\{1+D_o^{t+1}(x_{t+1},y_{t+1},b_{t+1};y_{t+1},-b_{t+1})\}}{\{1+D_o^t(x_t,y_t,b_t,-b_t)\}\{1+D_o^t(x_{t+1},y_{t+1},b_{t+1};y_{t+1}-b_{t+1})\}}\right]^{\frac{1}{2}}$$

$$(4-10)$$

三、共同前沿 Malmquist-Luenberger 生产率指数

马尔姆奎斯特·卢恩伯格（Malmquist Luenberger）的生产率指数运用了方向距离函数，可以用于评价包含环境负产出的生产率，在对不同对象进行评价时其潜在的假定是所有生产者都拥有相同水平的生产技术。但是，现实中由于地理位置、国家政策和社会经济条件的差异，被评估的单元通常具有不同的生产技术，即技术存在异质性。因此，如果评价对象的组群间存在异质性，仍然使用基于相同技术的方法去评价决策单元的效率和生产率，就可能存在误差。为此，巴蒂斯和饶（Battese and Rao，2002）率先基于随机前沿分析（SFA）方法最先提出了共同前沿（meta-frontier）生产函数的理论框架的基础上，并

利用其研究了技术异质性下不同企业组群的生产效率。随后，奥唐纳等（O'Donnell et al., 2008）在此基础上将共同前沿理论引入 DEA 效率评价方法，通过使用整体样本来衡量一个共同前沿，对 DMU 进行划分，并估计组群样本的组群前沿。

根据研究的需要和共同前沿方法的要求，将中国 30 省份按传统的划分方法，分为东部地区（包括北京、天津、河北、辽宁、上海、江苏、浙江、福建、山东、广东、海南）、中部地区（包括山西、吉林、黑龙江、安徽、江西、河南、湖北、湖南）和西部地区（包括内蒙古、广西、四川、重庆、贵州、云南、陕西、甘肃、青海、宁夏、新疆）。为了便于资料整理，西藏、台湾、香港和澳门不包括在本书分析范围之内。同时，由于 DEA 测算的指数是一种相对效率指数，在共同前沿理论框架下，考虑到参考对象的技术差距对效率评价产生的影响，在此，定义三个技术基准：区域当期技术基准（a contemporaneous benchmark technology）、区域跨期技术基准（an intertemporal benchmark technology）和全局跨期技术基准（global benchmark technology）。

R_h 区域的当期技术基准集为 $P_{R_h}^t = \{(x^t, y^t, b^t) | x^t$ 能生产出 $(y^t, b^t)\}$，$t = 1, \cdots, T$。在考察期内，当期技术基准截面数据构造 t 期的一个参考生产集，这个集也仅为 R_h 区域的作技术参考。

R_h 区域的跨期技术基准集为 $P_{R_h}^I = P_{R_h}^1 \cup P_{R_h}^2 \cup \cdots \cup P_{R_h}^T$，$t = 1, \cdots, T$。$R_h$ 区域跨期技术基准也是考察期内区域全部时期唯一的参考生产集。存在一个独特 H 区域是"区域跨期技术基准集"，隐含了它是这组所有评比对象的其他跨期技术基准无法轻易超越的技术体系。则组群 k 的 Malmquist 生产率指数（group Malmquist productivity index，GMLPI）为：

$$GMLPI_{t,t+1} = TEC_{t,t+1}^k \times TC_{t,t+1}^k \qquad (4-11)$$

全局跨期技术基准集 $P^G = P_{R_1}^I \cup P_{R_2}^I \cup \cdots P_{R_H}^I$，$t = 1, \cdots, T$ 构造了全国唯一的参考生产技术集，包络了三大区域所有时期的跨期技术基准集。与上述两个定义不同的是，全局跨期技术基准包络了所有组群的全部跨期技术体系。隐含条件：三大区域间的二氧化碳排放技术差距可以被赶超，所有省份的技术在理论上和潜在的都有接近全局跨期技术基准的可能，实现投入产出的最优化。

设 k 省份的 ML 指数的生产可能性集 P^s，$P^s = P_{R_1}^s \cup P_{R_2}^s \cup \cdots P_{R_H}^s$，$s = t, t+1$，则：

$$ML_{t,t+1} = (x_t, y_t, b_t, x_{t+1}, y_{t+1}, b_{t+1}) = \frac{1 + \vec{D}_o^t(x_t, y_t, b_t)}{1 + \vec{D}_o^{t+1}(x_{t+1}, y_{t+1}, b_{t+1})} \qquad (4-12)$$

方向性距离函数 $\vec{D}_c^s(x,y,b)=\inf\{\beta\mid(x,y+\beta y,b-\beta b)\in P^s\}$，$s=t$，$t+1$。表明如果经济产出提高且二氧化碳排放减少，则 $ML^s>1$，即二氧化碳排放效率增长指数上升；反之，则下降。

同理，共同前沿下 ML 生产率增长指数（MML 指数）即全局跨期技术基准集为：

$$MML(x_t,y_t,b_t,x_{t+1},y_{t+1},b_{t+1})=\frac{1+\vec{D}^G(x_t,y_t,b_t)}{1+\vec{D}^G(x_{t+1},y_{t+1},b_{t+1})}$$
$$=TEC_{t,t+1}^m\times TC_{t,t+1}^m \qquad (4-13)$$

全局方向性距离函数 $\vec{D}^G(x,y,b)=\inf\{\beta\mid(x,y+\beta y,b-\beta b)\in P^G\}$，$s=t$，$t+1$。MML 指数可以进一步分解为不同效率组成部分，分解形式如下：

$$MML(x_t,y_t,b_t,x_{t+1},y_{t+1},b_{t+1})$$
$$=\frac{1+\vec{D}^G(x_t,y_t,b_t)}{1+\vec{D}^G(x_{t+1},y_{t+1},b_{t+1})}$$
$$=\frac{1+\vec{D}_c^s(x_t,y_t,b_t)}{1+\vec{D}_c^s(x_{t+1},y_{t+1},b_{t+1})}\times\frac{(1+\vec{D}^I(x_t,y_t,b_t))/(1+\vec{D}^t(x_t,y_t,b_t))}{(1+\vec{D}^I(x_{t+1},y_{t+1},b_{t+1}))/(1+\vec{D}^{t+1}(x_{t+1},y_{t+1},b_{t+1}))}$$
$$\times\frac{(1+\vec{D}^G(x_t,y_t,b_t))/(1+\vec{D}^I(x_t,y_t,b_t))}{(1+\vec{D}^G(x_{t+1},y_{t+1},b_{t+1}))/(1+\vec{D}^I(x_{t+1},y_{t+1},b_{t+1}))}$$
$$=\frac{TE_{t+1}}{TE_t}\times\frac{BPR_{t+1}}{BPR_t}\times\frac{TGR_{t+1}}{TGR_t}$$
$$=EC\times BPC\times TGC \qquad (4-14)$$

式（4-14）中，TE^s（technical efficiency）为 s 期的技术效率；BPR^s（the best practice gap ratio）为 s 期当期技术基准与跨期技术基准最佳实践的差距比；TGR^s（technology gap ratio）为 s 期跨期技术基准与全局跨期技术基准的技术差距比。式中 EC（efficiency change）项为技术效率变化指数，EC>1 表示效率提升，EC<1 表示效率退化；BPC（the best practice gap change）是最佳实践差距变化指数，BPC>1 表示生产前沿面扩展，意味着技术进步，BPC<1 表示生产前沿面收缩，意味着技术退步；TGC（the technical gap ratio change）是技术差距比率变化指数，TGC>1 表示与全国前沿技术差距在缩小，TGC<1 表示与全国前沿技术差距在扩大；MML>1 对应二氧化碳排放生产率上升，如 MML<1，则是二氧化碳排放生产率下降。如图 4-2 所示，图中 R_1

区域存在 k 省份，在时段 1 和时段 2，生产产出分别位于 a_1 点和 a_2 点，则 MML 指数可以分解如下：

$$MML(x^t, y^t, b^t, x^{t+1}, y^{t+1}, b^{t+1}) = \frac{o_1 d_1}{o_2 d_2} = \frac{o_1 b_1}{o_2 b_2} \times \left\{ \frac{o_1 c_1 / o_1 b_1}{o_2 c_2 / o_2 b_2} \right\} \times \left\{ \frac{o_1 d_1 / o_1 c_1}{o_2 d_2 / o_2 c_2} \right\}$$

$$(4-15)$$

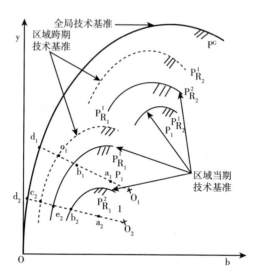

图 4 – 2　共同前沿曼奎斯特 – 卢恩伯格生产率指数

在式（4 – 14）最后等式中，第一项是测算 k 省份两时段在区域当期技术基准的效率改善程度，第二项是测算 k 省份在区域当期技术基准和区域跨期技术基准的技术进步程度，第三项是测算在区域跨期技术基准和全局跨期技术基准的技术差距率。

技术差距比率（TGR）表示在技术异质性的影响下，决策单元在共同前沿技术效率和组群前沿技术效率的差距变化动态状况。顾谢真和杨浩彦（Chen K H and Yang H Y, 2011）对共同前沿的 Malmquist 生产率指数的扩展考虑了规模效率变化对非参数的分解影响。同时，将指数中表示追赶效应的技术差距比（TGR）分为两个部分：纯技术追赶效应（pure technological catch-up, PTCU）和前沿追赶效应（frontier catch-up, FCU）。其中：

$$MMLPI_{t,t+1}^k = TEC_{t,t+1}^k \times TC_{t,t+1}^k \times TGRC_{t,t+1}^k \qquad (4-16)$$

式（4 – 16）中，$TEC_{t,t+1}^k$ 是组群前沿下 k 单元的效率改善指数，$TC_{t,t+1}^k$ 是组群前沿下 k 单元的技术进步速率，$TGRC_{t,t+1}^k$ 表示共同前沿与组群前沿之间的技术差距追赶效应。根据式（4－11），可变换如下：

$$MMLPI_{t,t+1}^k = GMLPI_{t,t+1}^k \times TGRC_{t,t+1}^k \tag{4-17}$$

式（4－17）表示共同前沿下 Malmquist-Luenberger 指数等于组群前沿下和技术差距比率的乘积。经过变换可得式（4－18）：

$$TGRC_{t,t+1}^k = \frac{MMPI_{t,t+1}^k}{GMPI_{t,t+1}^k} \tag{4-18}$$

且　$$TGRC_{t,t+1}^k = \frac{TGR_{t+1}^k(x_{t,t+1},y_{t,t+1},y_{t,t+1})\,TGR_t^k(x_{t,t+1},y_{t,t+1},y_{t,t+1})}{TGR_t^k(x_t,y_t,y_t)\,TGR_{t+1}^k(x_t,y_t,y_t)} \tag{4-19}$$

可以进一步分解为：

$$TGRC_{t,t+1}^k = \frac{TGR_{t+1}^k(x_{t+1},y_{t+1},b_{t+1})}{TGR_t^k(x_t,y_t,b_t)}$$

$$\times \left[\frac{TGR_t^k(x_{t+1},y_{t+1},b_{t+1})\,TGR_t^k(x_t,y_t,b_t)}{TGR_{t+1}^k(x_{t+1},y_{t+1},b_{t+1})\,TGR_{t+1}^k(x_t,y_t,b_t)} \right]^{\frac{1}{2}} \tag{4-20}$$

式（4－20）右边第一项表示纯技术效率（PTCU）的变化，PTCU 数值大于 1 表示从时期 t－1 到时期 t，技术缺口减小，即 TGR 增大。意味着存在追赶效应，被界定为纯技术追赶效应（PTCU）：

$$PTCU_{t,t+1}^k = \frac{TGR_{t+1}^k(x_{t+1},y_{t+1},b_{t+1})}{TGR_t^k(x_t,y_t,b_t)} \tag{4-21}$$

第二项的几何平均值表示由周期 t 到 t＋1 的 TGR 的两个相反变化值组成，FCU 数值大于 1 表示从时期 t－1 到时期 t，共同前沿的进步大于群组前沿的进步。这个术语也可以被称为前沿追赶效应（FCU）：

$$FCU_{t,t+1}^k = \left[\frac{TGR_t^k(x_{t+1},y_{t+1},b_{t+1})\,TGR_t^k(x_t,y_t,b_t)}{TGR_{t+1}^k(x_{t+1},y_{t+1},b_{t+1})\,TGR_{t+1}^k(x_t,y_t,b_t)} \right]^{\frac{1}{2}} \tag{4-22}$$

显然，FCU 捕获了共同前沿相对于组群前沿的变化速度。当组群前沿中的上移速度快于共同前沿时，FCU 将显示小于 1 的值。

四、计算方向性距离函数和数据处理

（一）计算方向性距离函数

为了计算和分解 k 省份在 t 期和 t＋1 期的二氧化碳排放效率，需要求解六个不同的线性规划问题：$\vec{D}^s(x^s,y^s,b^s)$、$\vec{D}^I(x^s,y^s,b^s)$、$\vec{D}^C(x^s,y^s,b^s)$、$s=t$，$t+1$。方向性距离函数的计算使用式（4-23）：

$$\vec{D}^d(x^{k',s},y^{k',s},b^{k',s})=\max\beta$$

$$st\begin{cases}\sum_{con}\lambda^{k,s}y_m^{k,s}\geqslant(1+\beta)y_m^{k',s},m=1,\cdots M\\\sum_{con}\lambda^{k,s}b_j^{k,s}=(1-\beta)b_j^{k',s},j=1,\cdots J\\\sum_{con}\lambda^{k,s}x_n^{k,s}\leqslant x_n^{k',s},n=1,\cdots,N\\\lambda^k\geqslant0\end{cases}\qquad(4-23)$$

这里 $D^d(\bullet)$ 的上标 d 代表方向性距离函数；$\lambda^{k,s}$ 是权重变量，表明一个具体生产活动在构建生产技术前沿时的强度水平。$\sum$ 下方的 con 代表构建生产技术前沿的条件，对当期方向性距离函数而言，$d\equiv s$，$con=\{k\in R_h\}$；对跨期方向性距离函数而言，$d\equiv I$，$con=\{k\in R,S\in T\}$，这里 $T=\{1,2,\cdots,T\}$；对全国方向性距离函数而言，$d\equiv G$，$con=\{k\in R,S\in T\}$，这里 $T=\{1,2,\cdots,T\}$ 且 $R=R_1\cup R_2\cup\cdots R_H$。

（二）资料来源与说明

基本数据的选取和处理是一个十分重要工作，鉴于数据的可得性和实证研究的需要，本书选取了 1997～2016 年我国 30 个省份的投入产出数据为样本。本书投入要素包括资本（K）、劳动力（L）、能源（E）和二氧化碳排放（C），产出要素为区域生产总值（GRP），见表 4-1。其中，（1）劳动力的投入以各地区年初、年末就业人数的平均值计算（单位为万人）；（2）各省份的资本投入量以资本存量数据表示，由于资本存量无法直接从统计年鉴获得，通常采用永续盘存法进行估算，本书采用单豪杰（2008）的方法，折旧比率选取 0.1096，以 1995 年不变价格换算的 1997～2016 年资本存量数据，2007 年之后年份数据以相同的方法进行补充（单位为亿元）；（3）能源消费，能源数据以各地区消耗的各类能源为基础数据，按照各种能源标准煤系数统一换算为标准煤（单位为万吨）；（4）二氧化碳排放数据的测算方法前文已经说明，在此不再赘述。

表 4 – 1　样本投入产出变量描述统计描述及 pearson 相关系数（1997 ~ 2016 年）

变量	均值	标准差	最小值	最大值	Y	K	L	E	C
GDP（Y）	8079	8668	196	51674	1	—	—	—	—
资本存量（K）	18705	20081	391	118635	0.9512	1	—	—	—
劳动力（L）	20066	13694	1269	60361	0.7763	0.6942	1	—	—
能源（E）	6834	5056	184	25448	0.8546	0.8353	0.7839	1	—
二氧化碳（C）	14031	10879	332	61186	0.806	0.8021	0.7401	0.9803	1

资料来源：相关年份《中国统计年鉴》《新中国五十年统计资料汇编》《中国能源统计年鉴》以及各省份统计年鉴，并经过整理。

第三节　技术异质性下中国省际
碳排放效率测度与分析

一、中国省际碳排放效率的差异分析

为了能够将观察期内全国各省全要素碳排放效率进行比较分析，我们在前文做了两个方面的准备：一是将考察期内各省的投入产出数据中涉及价格因素（如 GDP 和资本存量）作了调整，将 GDP 和资本存量统一调整为以 1995 年为基期；二是模型选用方面，选取了全局前沿进行测算，全局技术前沿表示该效率值是参比所有时期共同构建的前沿，由于其参考基准是唯一的，得出效率值具有对比性。在此基础上，通过求解六个不同的方向距离函数可以得到如下信息：全国 30 个省份的共同前沿组群前沿下的全要素碳排放效率、技术效率改善指数、技术进步指数和技术差距比。这些指数分别从静态、动态和技术差距及其分解角度展现了各省碳排放全要素效率和生产率信息。

（一）共同前沿与组群前沿下省际碳排放效率差异

本章在共同前沿框架下对全国 30 个省的全要素碳排放效率进行测算。共同前沿效率生产率分析框架是将参比对象按全局参比和技术相近的不同组群自我参比，目的是考虑到组群间技术的异质性对参比对象生产效率的评价影响。为此，本书测算了全局技术基准下和组群技术基准下全国 30 个省市的全要素碳排放效率，限于篇幅，以年度均值的形式列出各省组群前沿和共同前沿下各省市的全要素碳排放效率（见表4-2）。

表4-2　共同前沿与组群前沿下省际平均碳排放效率（1997~2016年）

省份	组群前沿	共同前沿	省份	组群前沿	共同前沿	省份	组群前沿	共同前沿
北京	0.7365	0.7228	安徽	0.9709	0.8023	甘肃	0.7210	0.7203
福建	0.9338	0.8801	河南	0.9162	0.7444	广西	0.7905	0.7797
广东	0.9639	0.9021	黑龙江	0.9839	0.8022	贵州	0.6517	0.6504
海南	0.9565	0.9015	湖北	0.8776	0.7201	内蒙古	0.8197	0.6992
河北	0.8338	0.7247	湖南	0.9338	0.7833	宁夏	0.7105	0.6400
江苏	0.9108	0.8420	吉林	0.9803	0.7182	青海	0.8860	0.7768
辽宁	0.8613	0.7702	江西	0.9656	0.8084	陕西	0.7015	0.6923
山东	0.9359	0.8505	山西	0.8686	0.7356	四川	0.9979	0.9979
上海	0.8563	0.8399	—	—	—	新疆	0.6253	0.5902
天津	0.8742	0.7823	—	—	—	云南	0.6910	0.6849
浙江	0.8772	0.8267	—	—	—	重庆	0.8451	0.8363
东部平均	0.8855	0.8221	中部平均	0.9371	0.7643	西部平均	0.7673	0.7334

资料来源：根据测算结果整理。

由表4-2可知，组群前沿下的效率值均大于共同前沿下的效率值，例如，东部省市在1997~2016年共同前沿均值为0.8221而组群前沿均值为0.8855，中部省份在1997~2016年共同前沿均值为0.7643而组群前沿均值为0.9371，而西部省市在1997~2016年共同前沿均值为0.7334而组群前沿均值为0.7673。组群前沿效率值比共同前沿的效率值高，表明我国的碳减排制度政策在各省的节能减排行动中得到了充分贯彻，在各省既有技术条件下，碳减排的效率已经达到了较高水平。在上述技术基准中，全局技术基准下全国30个省份由于参考基准相同，因而各省市的效率值可以进行比较；而组群技术基准由于不同组群的参考技术基准不同，只能在组群内部比较。当然对于同一省份而言，全局前沿下效率值可以和组群前沿下效率值比较，根据比较的结果可以得出不同参考基准下技术异质性的影响。在30个省份中有29个省市的组群前沿效率值高于共同前沿效率值，唯独四川省的组群前沿效率值等于共同前沿效率值，这个也是本章独特贡献，因为以前的文献中由于国家没有公布各省的二氧化碳排放数据，各自在研究中的碳排放数据都是根据各省消费的能源数据进行测算。但是多数文献在进行碳排放数据估算时没有考虑到地区能源结构的差异。本书的碳排放数据基于《中国能源统计年鉴》中各省的能源平衡表测算。四川的一次能源结构中，以 2017 年为例，煤炭的占比（按当量值计算）仅为 39.5%，一次电力（按等价值计算）在能源结构中占比为 50.7%。[1] 四川省由于能源结构原本的低碳，在共同前沿参比中被作为潜在最优参比对象，因而，在共同前沿下和组群前沿下二者的效率值是等同的。该发现说明能源结构或者能源的物质要素在碳减排中意义重大，表明我国的碳减排如果仅从末端治理提高能源效率可能无法实现 2030 年碳排放峰值的目标，而结合源头治理或者是综合系统治理是我国碳减排的方向。

（二）共同前沿下全国、东部、中部和西部平均碳排放效率

由于组群前沿下技术的参考基准是基于本组群的技术，因不同组群间技术效率不具有可比性；而共同前沿下采用了全局技术基准，对不同组群的参比对象均采用了同一参考技术基准，全局技术基准下测得的全要素碳排放效率具有重要意义，各省市之间的全要素碳排放效率值可以进行比较。在此，限于篇幅，将 1997～2016 年全国、东部、中部和西部的全要素碳排放效率通过表 4 - 3 列出。

表 4 - 3　共同前沿技术基准下全国、东部、中部和西部平均碳排放效率

区域	1998 年	2000 年	2002 年	2004 年	2006 年	2008 年	2010 年	2012 年	2014 年	2016 年
东部平均	0.7647	0.7705	0.773	0.8024	0.8114	0.8209	0.8374	0.8583	0.8959	0.9396
中部平均	0.8029	0.7826	0.7989	0.7945	0.76	0.7404	0.7264	0.7235	0.7468	0.776
西部平均	0.8211	0.79	0.7645	0.7421	0.7074	0.6976	0.6918	0.6831	0.6976	0.7271
全国平均	0.7956	0.7809	0.7768	0.7782	0.7596	0.7542	0.7544	0.7581	0.7834	0.8181

资料来源：根据测算结果整理。

由表 4 - 3 可知，从全国整体来看，1997～2016 年全国整体的全要素碳排放效率经历了一个由高到低再由低到高的攀升历程，全要素碳排放效率从 1997 年的 0.7956 下降到 2009 年的 0.7449 再攀升到 2016 年的 0.8181。分区域来看，东部地区的全要素碳排放效率在 20 世纪 90 年代甚至低于中部和西部，但是东部经历了一个持续上升的过程，从 1997 年的 0.7647 上升到 2016 年的 0.9396。而中部地区和西部地区全要素碳排放效率走势与全国相似，分别经历

---

[1]　"当量值"是单位能源本身所具有的热量；"等价值"则是生产一个单位的能源产品所消耗的另外一种能源产品的热量。为了与世界接轨，同时便于和历史资料对比，我国统计制度明确规定，计算国家、省、市级的能源消费总量时，电力采用等价值（即当年每发一千瓦时电消费的标准煤量）计算。

了由高到低再由低到高的过程，中部地区由 1997 年的 0.8029 下降到 2011 年
的 0.72 再上升到 2016 年的 0.7760；西部地区由 1997 年的 0.8211 下降到 2011
年的 0.6809 再上升到 2016 年的 0.7271。由全国、东部地区、中部地区和西部
地区全要素碳排放效率走势来看，我国自 2005 年实施的节能减排政策在一定程
度上加速和扭转了东部地区、中部地区和西部地区的全要素碳排放效率。由于我
国幅员辽阔，南北气候差异较大，省际全要素碳排放效率差异也较大，为了更全
面地反映东部、中部和西部各省的全要素碳排放效率值，在此分东部、中部和西
部三大区域绘制各省的全要素碳排放效率，如图 4 - 3、图 4 - 4 和图 4 - 5 所示。

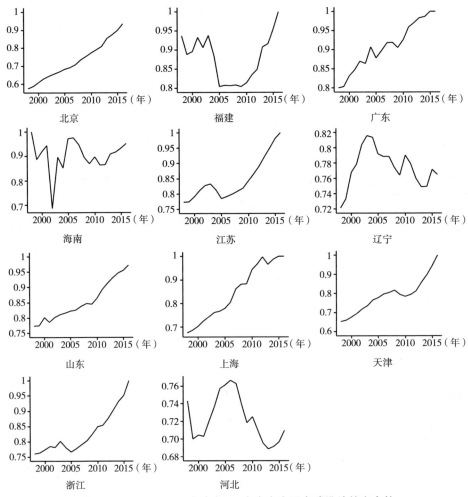

图 4 - 3　1997～2016 年东部 11 个省市全要素碳排放效率走势

资料来源：根据测算结果绘制。

　　由图4-3来看，东部地区11个省市的全要素碳排放效率总体呈现上升态势。在全局基准下，2016年的广东和上海以及1999年海南的全要素碳排放效率值为1，是其他省份的参考基准。其中，上海、北京和天津提升最多，位居前三，全要素碳排放效率值相比1997年分别提升了0.3364、0.3325和0.2931；山东、江苏和浙江的上升趋势较为平稳。福建和海南虽然在初期呈现下降趋势，但是后期均上升较快。尤其是福建，自宁德核电、福清核电相继投入运营，传统能源煤炭生产持续下降，能源结构不断优化。图4-3显示，2010年之后福建的全要素碳排放效率提升最快。辽宁省是一个值得警惕的省份，自2005年之后全要素碳排放效率值呈现下降趋势。辽宁省全要素碳排放效率下降与其近年来经济发展不景气有关，2016年辽宁的经济甚至是负增长。在东部所有省份中，全要素碳排放效率唯一下降的省份是河北省，与1997年相比，下降了0.0651。由于碳排放和其他环境污染物的综合性排放，近年来河北雾霾，也是社会各界关注的热点。河北省在协同治理的思路下，2015年全要素碳排放效率有所提升。

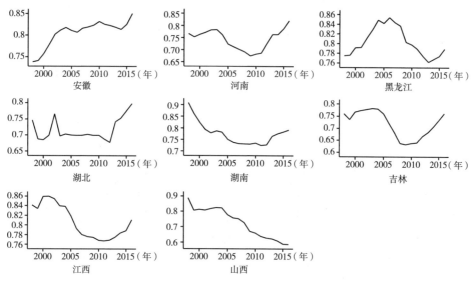

图4-4　1997~2016年中部8省市全要素碳排放效率走势

资料来源：根据测算结果绘制。

　　图4-4刻画了中部8省的全要素碳排放效率走势。中部8省中，安徽的全要素碳排放效率一直处于平稳的上升态势，也是中部地区排放效率最高的省份，2016年达到0.8255，相比于1997年，提升了0.0887，也是中部地区提升最多的省份。安徽全要素碳排放效率提升一方面得益于近年来经济的快速发展，另一方面，安徽在煤炭能源利用效率提升较快，平均供电煤耗从301克降

至 290 克标煤/千瓦时。截至 2018 年 11 月底, 安徽超临界以上发电机组占全部煤电机组的 76%, 4529 万千瓦煤电机组全部实现超低排放。河南省和吉林省分别由 1997 年的 0.7750 和 0.7319 上升到 2016 年的 0.7873 和 0.7332, 提升了 0.0123 和 0.0012, 位居中部地区第二和第三。而其他中部五省的全要素碳排放效率相比于 1997 年, 均有所下降; 山西整个考察期内呈现稳定的下降态势, 也是下降幅度最大的省份。山西作为我国能源最重要的基地之一, 能源结构高碳化严重, 在当前的能源革命中, 山西以 "不当煤老大" "争当排头兵" 为己任, 以能源革命为契机尽快扭转不利局面。

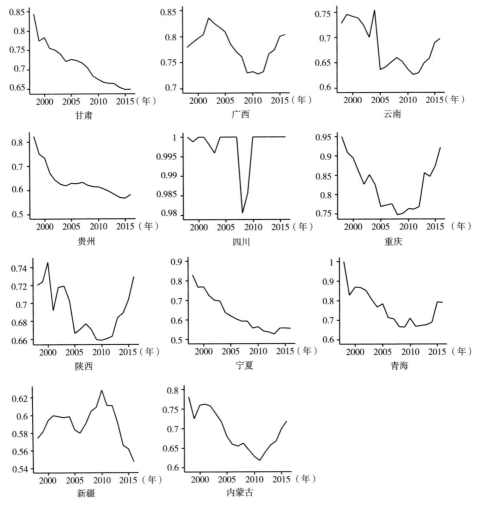

图 4-5 1997~2016 年西部 11 省市全要素碳排放效率走势

资料来源: 根据测算结果绘制。

图 4-5 刻画了西部 11 个省份 1997~2016 年的全要素碳排放效率走势。在西部 11 个省份中，四川的全要素碳排放效率最高，位于共同前沿的次数也是三大区域中最多，这主要得益于四川的能源结构，以 2017 年为例，四川的能源结构中煤炭占比仅为 32.3%，天然气按当量计算高达 15.5%，一次能源高达 50.7%，且四川是水电净输出省份。同时，西部地区的甘肃、贵州、宁夏和新疆均呈现下降趋势；广西、云南、重庆、陕西、青海和内蒙古呈现止跌上升态势。

二、中国省际全要素碳排放生产率的动态演进与驱动因素

为了进一步考察全国省际全要素碳排放效率的动态演进特征与驱动因素，本书运用式（4-13）的分解办法，即全局跨期技术基准下 MML 指数来测算全要素生产率（MMLPI），并将其分解为技术效率变化（TEC）和技术进步指数变化（TC）。为了更清楚地反映 MMLPI 指数动态变化和 TEC 与 TC 累积贡献，分别用表 4-4 和图 4-6 呈现。限于篇幅，表 4-4 中选择列示主要年份的数据。

表 4-4　　　　1997~2016 年中国 30 个省份共同前沿下
全要素碳排放生产率动态演进

省份	1997~1998 年	2000~2001 年	2005~2006 年	2007~2008 年	2009~2010 年	2011~2012 年	2013~2014 年	2015~2016 年	累积增长
北京	1.0149	1.0319	1.0152	1.0365	1.0243	1.0230	1.0234	1.0397	1.6491
福建	1.0297	1.0416	1.0033	1.0017	1.0129	1.0176	1.0089	1.0465	1.0983
广东	1.0250	1.0183	1.0214	1.0012	1.0228	1.0118	1.0037	1.0000	1.2815
海南	1.1903	1.0261	1.0047	0.9461	1.0316	1.0002	1.0089	1.0203	1.1341
河北	0.9752	0.9980	1.0067	0.9694	1.0093	0.9796	1.0043	1.0181	0.9312
江苏	1.0186	1.0267	1.0085	1.0112	1.0273	1.0279	1.0324	1.0196	1.3163
辽宁	1.0340	1.0136	0.9954	0.9817	1.0349	0.9749	1.0004	0.9915	1.0970
山东	0.9835	0.9805	1.0036	1.0098	1.0244	1.0229	1.0167	1.0177	1.2379
上海	1.0174	1.0314	1.0318	1.0215	1.0679	1.0312	1.0226	1.0000	1.5070
天津	1.0004	1.0260	1.0251	1.0142	0.9875	1.0242	1.0484	1.0577	1.5330
浙江	1.0049	1.0138	1.0143	1.0163	1.0295	1.0249	1.0326	1.0514	1.3220
安徽	1.0020	1.0292	0.9946	1.0036	1.0101	0.9963	0.9942	1.0298	1.1537
河南	0.9881	1.0117	0.9838	0.9858	1.0119	1.0562	0.9994	1.0422	1.0588

续表

省份	1997~1998年	2000~2001年	2005~2006年	2007~2008年	2009~2010年	2011~2012年	2013~2014年	2015~2016年	累积增长
黑龙江	0.9860	1.0011	1.0142	0.9921	0.9936	0.9818	1.0084	1.0191	1.0037
湖北	0.9504	1.0204	0.9989	1.0041	1.0000	0.9852	1.0146	1.0297	1.0160
湖南	0.9631	0.9611	0.9827	0.9993	1.0060	1.0021	1.0140	1.0103	0.8393
吉林	1.0385	1.0088	0.9463	0.9369	1.0080	1.0419	1.0350	1.0382	1.0399
江西	1.0059	1.0003	0.9683	0.9945	0.9919	1.0018	1.0117	1.0284	0.9694
山西	0.9819	0.9955	0.9727	0.9658	0.9834	0.9805	0.9803	0.9977	0.6488
甘肃	0.9859	0.9644	0.9966	0.9825	0.9870	0.9961	0.9845	1.0010	0.7583
广西	1.0332	1.0098	0.9709	0.9876	1.0036	1.0063	1.0108	1.0041	1.0646
贵州	0.9185	0.9174	0.9992	0.9809	0.9974	0.9847	0.9764	1.0256	0.6490
内蒙古	0.9694	1.0041	0.9702	1.0117	0.9720	1.0335	1.0151	1.0286	0.8919
宁夏	0.9665	0.9431	0.9765	1.0018	1.0139	0.9894	1.0576	0.9996	0.6478
青海	1.0000	0.9986	0.9083	0.9422	1.0665	1.0073	1.0222	0.9978	0.7917
陕西	1.0462	0.9279	1.0067	0.9908	0.9992	1.0037	1.0081	1.0364	1.0596
四川	1.0011	1.0000	1.0000	0.9805	1.0145	1.0000	1.0000	1.0000	1.0011
新疆	1.0024	1.0092	0.9937	1.0241	1.0309	1.0002	0.9555	0.9740	0.9553
云南	0.9901	0.9956	1.0087	1.0137	0.9767	1.0047	1.0151	1.0115	0.9486
重庆	0.9498	0.9605	1.0038	0.9639	1.0160	1.0078	0.9885	1.0547	0.9220

资料来源：根据测算结果整理。

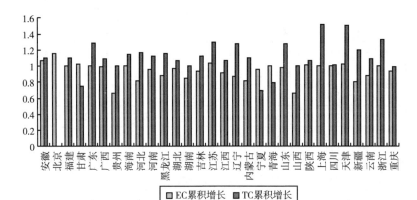

图 4 - 6　1997~2016 年中国 30 个省际碳排放效率改进

和技术进步指数累积增长率

资料来源：根据测算结果绘制。

从整体分布来看，在考察期内，全要素碳排放生产率大于 1 的省份有北京、福建、广东、海南、江苏、辽宁、山东、上海、天津、浙江、安徽、河南、黑龙江、湖北、吉林、广西、陕西、四川共 18 个，占总数的 60%。表明这些省份的全要素碳排放生产率在持续提升，意味着这些省份的生产要素组合配置在不断优化，碳减排环境改善。但是，甘肃、贵州、河北、湖南、江西、内蒙古、宁夏、青海、山西、新疆、云南和重庆共 12 个省市的全要素碳排放生产率小于 1，表明这些省份的全要素碳排放生产率在下降，意味着这些省份的生产要素组合仍然未能实现生产方式的转变。从具体省市来看，全要素碳排放生产率累积增长最高的省市分别是北京、天津和上海位居。

从时间维度来看，党的十八大以来，全要素碳排放生产率上升的省市主要有河北、湖南、贵州、内蒙古、云南和重庆，这些省市的全要素碳排放生产率呈现前低后升的趋势。全要素碳排放生产率下降的省份有辽宁、山西、宁夏、青海和新疆，共五个。而要分析其背后的原因，需要结合图 4 - 6。

分区域结合图 4 - 6 来看，东部省份中，除了河北省以外，其余 10 个省份的全要素碳排放生产率均大于 1，河北省的低碳生产率小于主要是受前期影响，2013 年之后均大于 1，表明了在国家推动京津冀一体化协同发展之后，河北省制定出台了《关于强力推进大气污染综合治理的实施意见》及 18 个专项配套方案，这些制度政策创新对碳减排和雾霾治理是有效的。从指数的分解结果来看，东部省份的技术进步指数均大于 1，表明东部省份的低碳技术创新一直是推动低碳生产率进步的重要推动力。从效率改善指数来看，东部省份中，辽宁、河北和山东三省的效率改善指数小于 1，而其他省份均大于 1。说明这三个省份过于依赖技术进步，偏重于工艺设备等硬件的更新改造与升级换代，而忽视了对制度创新和体制改革以及外部市场制度环境的优化和先进绿色低碳发展理念的推行，从而导致技术效率在不断下降。

中部省份中，全要素碳排放生产率平均 MMLPI 大于 1 的省份有黑龙江、吉林、河南、安徽和湖北五省，而山西、湖南和江西三省的平均 MMLPI 指数小于 1。说明前五省在考察期内，低碳生产率处于进步状态，而后三省则有所下降。从分解指标来看，安徽是中部地区唯一一个低碳全要素生产率进步省份，也是依靠低碳技术进步和效率改善的省份，而其他省份的效率改善均出现退化迹象。山西技术进步指数和效率改善指数出现双退化的现象，这说明山西省在低碳技术进步方面制度创新、管理方面提升的任务仍然艰巨。

从西部省份来看，西部省份中低碳生产率 MMLPI 指数大于 1 的省份有广西、四川和陕西，而其他八省的低碳全要素生产率均小于 1，表明在考察期内只有三个省份实现了低碳发展，而有八个省份低碳生产发展仍需努力。从分解结果来看，四川和陕西实现了技术进步和效率改善双推动，广西在制度创新和管理方面仍未跟上技术进步的步伐。云南、贵州、内蒙古和新疆主要由技术进步推动，制度创新和管理滞后于技术创新。宁夏和重庆在低碳技术进步、低碳制度创新和管理方面均落后于相邻省份。

三、低碳技术的异质性在省际全要素碳排放效率中的影响

本章中，技术差距比率变化指数（TGC）是分解指标中最重要的指标，反映了我国二氧化碳排放技术差距变化的动态状况。在共同前沿理论框架下，"技术差距比（TGR）"指标用来衡量组群前沿技术与共同前沿技术之间的差距，在数值上等于决策单元共同前沿技术效率与组群前沿技术效率之比（Chiu，Liou and Wu et al.，2012）。由于共同前沿理论是将考察对象按技术可能性划分为不同组群，本章是按照东中西三大地区来划分的。为此，我们对技术差距比的分析将按照三大地区来对比分析。为了全面反映30个省份的技术差距比率的动态变化，我们绘制了1998～2016年三大区域30个省份的技术差距比率动态和累积图（见图4-7）、纯技术效率追赶效应和累积图（见图4-8）和前沿追赶效应和累积图（见图4-9）。

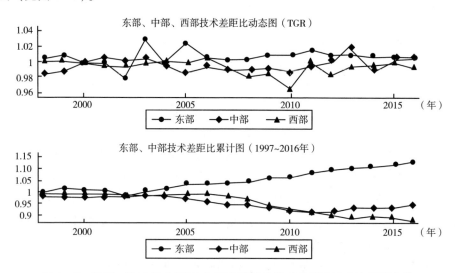

图4-7　1997～2016年中国30个省市碳排放技术差距比动态和累积变化

资料来源：根据测算结果绘制。

由图 4 - 7 看出，在整个考察期内，东部、中部、西部三大区域的技术差距比变化呈现以下规律：东部地区在整个考察期内整体呈现大于 1 的增长态势，表明东部地区的技术差距比和全局潜在的最优技术差距在不断地缩小；中部地区在 2000 ~ 2003 年、2011 ~ 2013 年以及 2013 ~ 2016 年技术差距比呈现大于 1，而其他年份均小于 1，表明了中部地区在上述年份存在追赶全局潜在最优技术；西部地区在 1997 ~ 1999 年、2002 ~ 2003 年、2005 ~ 2006 年和 2010 ~ 2011 年技术差距比大于 1，其他年份均小于 1，尤其是 2011 年之后均小于 1，表明西部地区的低碳技术和全局潜在最优的技术存在的差距呈现扩大趋势。从技术差距比的累计图来看，东部地区的技术差距比累积指数大于 1，表明与全局潜在最优技术是逐步缩小的。中部和西部的技术差距比累积指数是小于 1 的，尤其是西部 2010 年之前还高于中部，但 2010 年之后，与中部也逐步拉开了差距，表明中西技术差距与全局最优的技术差距逐步增大，西部的差距在 2010 年之后差距加大。

图 4 - 8 和图 4 - 9 是将技术差距比（也称为技术追赶效应）分解为纯技术累积追赶效率（PTCU）和前沿累积追赶效应（FCU）。图 4 - 8 主要刻画了纯技术效率追赶效应和累积效应情况。PTCU 数值大于 1，表明技术缺口减小，意味着存在"追赶"效应。从图 4 - 8 来看，东中西三大区域的纯技术效率追赶效应在 1997 ~ 2016 年错综交叉、起伏较大，但是，在 2005 年之后，三大区域的纯技术效率追赶效应呈现收敛趋势，至 2016 年三者之间的差距已经不大。从累计图来看，东部地区始终存在纯技术效率追赶效应，亦即存在管理创新，

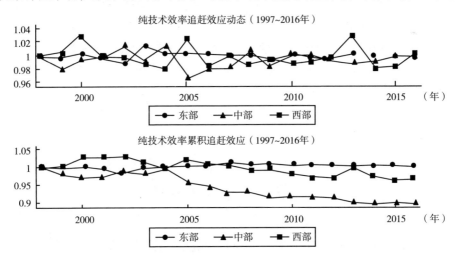

图 4 - 8　1997 ~ 2016 年中国 30 个省市碳排放纯技术效率累积追赶效应（PTCU）

资料来源：根据测算结果绘制。

纯技术效率提升较快，但是，中部和西部的纯技术效率追赶效应与东部逐渐拉开了差距，尤其是中部的纯技术效率追赶效应甚至不如西部。

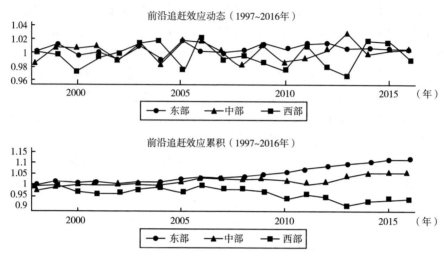

图4-9　1997～2016年中国30个省市碳排放前沿
累积追赶效应（FCU）动态和累积

资料来源：根据测算结果绘制。

图4-9刻画了前沿追赶效应和累积效应的情况。图中FCU捕获了共同前沿相对于组群前沿的变化速度，当组群前沿中的上移速度快于共同前沿时，FCU将显示小于1的值。从图4-9来看，东部地区的FCU在绝大多数年份大于1，这是因为东部地区部分省份是全局技术基准的参考基准，东部省份整体在多数情况下技术进步是不可能快于最优技术的。西部地区在多数年份下FCU小于1，表明西部省份始终组群前沿上升的速度比共同前沿上升的速度高，也即是西部的前沿追赶效应明显，而中部地区前沿上移速度要低于共同前沿。

第四节　中国省际碳减排制度创新
需要适应技术异质性

马克思的"技术决定论"与诺思的"制度决定论"二者看似矛盾，但在各自取材的历史视野里，对各自所分析的对象均有较强的解释力，且二者都认为生产力（技术进步）和生产关系（制度变迁）关系密切。为了分析低碳发展中区域低碳技术与碳减排制度创新二者的互动关系，本章在全要素框架下，运用了 Malmquist 生产率指数模型。该模型的优点是可以将全要素生产率分解为技术进步与技术效率改善两部分。其中技术进步和技术效率改善均与制度创新关系相关，一方面，制度创新与技术进步是互动关系，另一方面，制度创新也能够促进技术效率改善。同时，考虑到中国省际低碳技术的异质性，选用了共同前沿理论与 Malmquist-Luenberger 环境敏感性生产率指数方法，用以分析中国特色碳减排制度在不同省际碳减排绩效。正如布罗姆利（1966）指出"断定某种有效率的政策选择而反对其他的，这将引起很大的争议。不存在单一有效的政策选择，只存在对应于每一种可能的既定制度条件下的某种有效率的政策选择。去选择某个有效率的结果，也就是去选择制度安排的某个特定结构及相应的收入分配。关键的问题不是效率，而是对谁有效率。"因此，本章在绿色经济框架下，选择共同前沿 Malmquist 生产率指数方法，并分解为技术进步和技术效率改善模型来探索符合我国国情的低碳经济发展道路就显得意义重大。

　　本章在共同前沿框架下，将中国 30 个省市按传统划分方法分为东中西三大区域，以此为基础构建全局基准技术参考集和区域技术基准参考集，共同前沿和组群前沿，运用 Malmqusit-luenberger 指数度量中国 30 个省市 1997～2016 年的低碳全要素生产率及其分解，并测度地区间技术差距比（TGR），分析技术差距比对不同地区低碳全要素生产率的影响。本章的第一个发现是，我国东中西三大区域的低碳生产技术存在异质性，省际低碳技术差异是影响全要素碳排放效率的重要因素。基于制度创新与技术进步的内在关系，制度创新不仅仅是管理效率的提高更是推动低碳技术进步的保障和基础条件。制度作为经济中的独立变量，因其具有降低交易成本、提供激励系统、约束主体的机会主义行为、减少外部性等功能而对技术进步产生贡献（卢现祥，2011）。在"西部大开发""振兴东北"和"中部崛起"等战略的推动下，相关省份的工业发展应积极探索出新型的发展道路，而不能重复走"先污染、后治理"的老路。在产业发展政策上，要适当提高高能耗、高排放项目的排放标准，限制污染行业乘机内迁以防将污染扩大化。在当前，中国特色社会主义进入新时代，我国的发展理念已由过去"又快又好"和"又好又快"向"创新、协调、绿色、开放、共享"的新发展理念转变，创新、协调、绿色、开放、共享五大发展理念内涵丰富，创新是发展的动力，协调是发展的方法，绿色是发展的模式，开放是发展的途径，共享是发展的目的，五大发展理念是一个紧密联系的整体。中国特色碳减排制度创新不是为创新而创新，制度创新要与地区的生产力实际相结合。不同地区由于低碳技术的差异，可能需要多样化的碳减排制度供给，碳减排制度创新的目的不仅仅是提高管理效率，更重要的是推动低碳技术进步。对中央政府而言，应统筹区域经济环境的协调发展，在节能减排设备技术改造方面，在金融、财政和产业等减排资助政策方面，要向中部、西部地区倾斜，加大中部、西部地区的技术创新力度。我国的节能减排政策在统筹区域环境协调发展方面仍存在不足，没能够有效地阻止和弥合地区低碳技术的发展差距。当前应加快节能减排激励政策和市场化减排政策工具的出台速度，以激励企业在节能减排方面动力和优化技术先进企业节能减排的成本。

20 世纪 90 年代中后期，我国可持续发展理念开始真正建立，在生态环境治理和工业污染治理方面有了重大变化，尤其是"抓大放小""关停并转"大量高能耗、高污染排放的中小企业、市场机制的逐步建立煤炭能源价格市场化，这一时期全要素碳排放效率也是整个考察期内较高的年份。进入 21 世纪，我国再次出现重工业化现象，高能耗、高排放产业再次兴起，表现在全要素碳排放效率上是这一时期的全要素碳排放效率开始走低。但自"十一五"开始推行"节能减排"政策、"十二五"将"节能减排"任务指标化纳入国民经济发展规划以来，我国的全要素碳排放效率和低碳生产率再次回升。这期间全要素碳排放效率运行轨迹均可以看到制度创新在碳排放中的推动作用。同时，区域间的差异较大，东部地区在管理创新方面始终走在前列，中部和西部地区在管理方面落后于东部地区，尤其是中部地区和西部也拉开了差距。对于中部和西部地区而言，在加强低碳技术进步的同时，也应当加强低碳发展的管理制度创新。正如诺思（2008）指出："一定的技术水平决定了经济技术边界或潜在能力，而制度则决定了结构性边界或实现的生产能力。"也就是说，社会的知识存量和资源禀赋决定了生产率和产出量之间的技术上限，即经济的技术生产边界，但它本身并不能决定在这些限度内人类如何取得成功。中部和西部在低碳技术追赶的同时也应当学习先进低碳技术的管理，才能够发挥它的结构性边界。

本章在碳排放的计算方面，采用《中国能源统计年鉴》中地区能源平衡表的数据，分别计算各种能源消费二氧化碳的排放量，改变了过去个省级能源的碳排放折算系数统一采用国家发改委能源研究所制定的 0.67（胡鞍钢等，2008）。国家发改委能源研究所是以国家为单位综合我国能源结构得出的结论，但是我国省际能源结构差异较大，以四川的能源结构为例，其煤炭在整个能源结构中比例低于全国平均水平，2016 年煤炭（按当量值计算）占比仅为 41.6%，水能（按当量值计算）占 22.2%、天然气（按当量值计算）占比为

14.5%，能源结构的优化使得四川省在全局技术参比中多次作为全局潜在最优参考基准。福建省由于核电的开发利用，能源结构获得改善，也居于全局潜在最优基准集。山西、宁夏、新疆等能源大省则是因为能源结构中煤炭这一高碳能源物质要素使得全要素碳排放效率较低，北京、上海、天津则因为技术进步作为而位居全局基准集。因此，必须抛开"末端治理"或"源头治理"单一思路，在能源革命战略思想指导下，从生产、消费、技术、体制和国际合作多方面综合推动。

第五章　中国省际碳减排制度绩效的
技术偏向因素考察

　　技术是破解碳锁定的核心因素，但是，最终能否破解还取决于技术进步的方向，因而识别技术进步的要素偏向性是至关重要的。在我国的发展理念由速度优先、效率优先向生态优先绿色低碳发展导向转变的大背景下，如何利用制度创新与技术进步互动互促的关系，发挥制度创新对技术进步的导向作用，进而推动绿色技术进步，是中国特色碳减排制度创新的核心内容和必由之路。为此，本章运用随机前沿生产函数构建技术进步偏向测度框架，分析中国省际不同组织场域下的技术进步偏向，为中国特色碳减排制度多样性创新提供决策依据。

第一节　技术进步偏向的定义及其理论发展与应用

一、技术进步偏向的定义

　　技术进步促进经济增长主要是通过与生产要素结合提高要素生产效率的方式来实现的，但技术进步的过程会由于要素投入使用偏好的差异而具有偏向性，技术进步的偏向性即技术进步的方向。按技术进步对生产要素边际产出提高比例的不同可以划分为中性（或无偏）技术进步和有偏技术进步，即技术进步除了数量水平（或速度）上的变化外，还体现出偏向性上的变动。其中，中性（或无偏）技术进步是指技术进步同比例地提高所有生产要素的边际产出，而有偏技术进步是指技术进步偏向于提高某一种生产要素的边际产出。技术进步偏向最早可以追溯到希克斯（Hicks，1932）《工资理论》中对技术进步的划分：给定资本劳动比 K/L 不变的前提下，在技术进步前后，如果资本与劳动要素边际产出之比增大，则技术进步为资本偏向型；如果资本与劳动要素边际产出之比减小，则技术进步为劳动偏向型的；如果要素边际产出之比不变，则技术进步为中性的。现在通用的技术进步是哈罗德（1949）定义的：给定资本产出比 K/Y 不变的前提下，在技术进步前后，如果资本边际产出提高了，则技术进步为资本偏向型；如果资本的边际产出减小了，则技术进步为劳动偏向型；如果资本的边际产出不变，则技术进步为中性。索洛（1969）也给技术进步下过定义：给定劳动产出比 L/Y 不变的条件下，在技术进步前后，如果劳动的边际产出提高了，则技术进步为劳动偏向型；如果劳动的边际产出减小了，则技术进步为资本偏向型；如果劳动的边际产出不变，则技术进步为中性。判别技术进步是"中性"还是"非中性"的标准就在于技术进步是否会影响给定经济变量之间的函数关系，如果发生技术进步以后，给定的经济变量之间的函数关系没有因此而改变，那么技术进步就是"中性"的，反之，则是"非中性"的。之所以定义"中性"技术进步，其目的是，指出技术进步的特征，以便于将技术因素的影响从其他因素的影响中分离出来。

二、技术进步偏向的理论发展

理论的产生和发展源自现实需求。20 世纪前半期，由于收入分配悬殊引致劳资关系紧张，促使学者们考察技术进步对收入分配的影响。约翰·希克斯在《工资理论》中指出某种生产要素的相对价格提高会刺激创新，从而使投入比率不同的生产技术之间发生替代，使技术朝着更经济地利用生产要素的方向发展。由此，由价格变化带来的创新活动称为诱导型创新（induced innovation）。20 世纪 60 年代，诱导型创新理论（Kennedy，1964；Drandakis and Phelps，1965；Samuelson，1965）的研究取得一定进展，从技术供给的角度，引入了"创新可能性边界"（Innovation Possibilities Frontier），提出创新可能性边界决定了要素收入分配，且诱导型创新使得经济实现均衡，均衡状态下要素收入份额保持不变。此时，研究的问题已经由劳资关系转向了技能劳动与非技能劳动之间的工资差距之间的矛盾。但是，这一时期的诱导型创新文献缺乏微观基础，这是它们共同存在的缺陷。诺德豪斯（Nordhaus W D.，1973）对诱导型创新批判："我们不清楚谁会从事 R&D 活动，以及如何为创新融资和定价"。20 世纪 90 年代以后，随着内生技术变迁理论的兴起，学者罗默（Romer，1990）、格罗斯曼和赫尔普曼（Grossman and Helpman，1991）等通过将微观个体的行为纳入技术变迁的研究，拓展了诱导型创新理论，从而解决了诱导型创新理论微观基础的问题。20 世纪八九十年代以来，环境污染加剧和气候变化问题日益严重，而在引致这一问题产生的所有因素中，技术至关重要。据《IPCC 排放情景特别报告》和《2001 气候变化：IPCC 第三次评估报告》报告，在影响二氧化碳排放的因素中，技术进步是最重要的因素，其作用超过其他所有因素。技术进步既可能增加碳排放也可能是减少碳排放（Jaffe et al.，2002），是减少还是增加取决于技术进步的路径，即技术进步存在一定的路径依赖。技术进步的路径依赖表明，技术是特定的投入组合所专有的，一定的技术结构必须和一定的要素投入结构相匹配（Acemoglu et al.，2001）。阿西莫格鲁（2002，2007，2012）在不同的文献中对技术进步方向进行了重新定义，将技术进步拓展到任意两种要素 Z 和 L，如果技术进步使得要素 Z 的边际产出高于 L 要素，则技术进步偏向 Z，称为偏向 Z 的技术进步（Z-biased technical change）。技术进步路径依赖于企业的初始获利技术是肮脏技术还是清洁技术，如是前者，则企业的新技术创新研发依然可能是肮脏的新技术，就会增加碳排放；如是后者，则新技术创新研发也可能是清洁技术，那么就会减少碳排放。进一步通过有偏技术进步的理论模型，证明在条件适宜的环境下，可以诱发清洁型的技术进步，并这一理论被称为"导向型技术进步理论"。

三、能源价格机制与技术进步偏向测度

市场机制是推动生产要素流动和促进资源优化配置的基本运行机制。在市场机制下，合理的定价机制设计是推动能源技术进步最根本的工具。只有在市场能够为新知识新技术定价和使用新技术能够为经济主体带来足够的利润的情况下，经济主体才会有动力进行技术创新，或者是在竞争中加强自身研发的力度（蒋殿春和张宇，2008）。由于能源在经济中的基础性地位和能源安全的需要，我国能源领域的市场化进程受到政府规制的约束。我国能源企业形成了对能源市场的垄断经营（李晓辉，2013），导致中国缺乏透明的能源定价机制，能源领域改革尤其是能源价格的改革只能循序渐进，导致能源技术在不完善的市场内难以完全实现自身价值，能源资源难以向知识学习和技术创新方向转变。依据本书第五章研究的结论，破解碳锁定不仅需要技术突破，更需要的是绿色技术的突破。技术进步偏向性的理论拓展给应对气候变化背景下发展低碳经济提供了一个新的视角：即如果把清洁要素看作一种投入，当提高其使用成本时，会否诱导生产者进行偏向清洁生产的研发，减少对清洁环境的污染。

借鉴国外有关技术进步偏向研究的最新进展，国内研究者开始关注国内技术进步偏向性问题，对技术进步偏向性的研究也由早期的关注资本、劳动要素逐步向能源和环境拓展。但研究低碳技术进步偏向性的文献并不多，按研究方法来划分，文献主要采用参数法和非参数法，其中参数法又分为固定替代弹性生产函数（CES）和随机前沿方法（SFA），非参数方法主要是运用数据包络分析方法（DEA）。陈晓玲等（2012）采用标准化供给面系统方法对1994～2008年工业行业数据进行实证估计，得出多数行业的技术进步是资本、能源偏向型技术进步。汪克亮等（2014）运用非参数 DEA 方法将技术进步分解为投入偏向型技术进步与中性技术进步，指出中性技术进步是我国技术进步的主要表现形式，偏向型技术进步总体上起到促进作用且力度在逐渐减弱。王班班和齐绍洲（2015）运用 DEA 方法和 Malmquist 指数测得中国工业投入要素偏向技术变化在"十五"到"十一五"期间呈现出节约能源的特征。刘慧慧和雷钦礼（2016）构建了标准化要素增强型能源 CES 生产函数模型，估算出我国能源增强型技术进步年均增长率为2.6%。杨振兵等（2016）采用超越对数生产函数（SFA）的随机前沿分析方法，测算了中国工业部门技术进步的要素偏向程度从高到低依次是资本、环境、能源、劳动。

上述文献总体上对我国经济绿色、低碳转型发展研究是深入和有效的，对本书研究的展开具有重要的借鉴意义。但是，上述文献在估算区域经济生产的技术进步时，一般投入要素仅仅考虑资本、劳动和能源等要素甚至忽略了环境要素。清新的大气环境是全球的公共产品，也是自然福利资本，高碳化石能源消费的排放致使大气空间变得稀缺，因而大气空间应当纳入经济运行过程之中参与定价和分配。其次，已有文献的生产前沿研究方法大多采用的是 CES 方法，较少考虑到不同经济体以及同一经济体内部可能采用不同的生产技术，统一采用某一种函数可能并不稳健。而且，技术进步偏向性除了受生产技术、要素替代弹性等传统因素影响外，还容易受到要素价格、宏观冲击和行业政策等多种因素影响，依赖于事先设定的生产函数可能无法准确刻画技术进步方向（何小钢和王自力，2015）。对此，郑猛和杨先明（2015）虽进行了改进，运用 VES 生产函数模型，但投入要素仅考虑了资本和劳动两要素。

非参数 DEA 方法可以将环境污染纳入分析框架，DEA 在分析环境全要素生产率是具有一定优势，但它无法处理要素替代弹性和技术进步偏向性问题，也不能考虑测量误差、自然气候及运气等统计噪声和随机因素对估计结果的影响，其表现对奇异值也相当敏感（Thiam et al.，2001；Coelli et al.，2005）。而传统的非前沿方法不考虑技术非效率因素应该是其很大的缺陷。为此，本章选用随机前沿方法实证考察中国 1995~2014 年 30 个省份在节能减排规制下技术进步偏向程度的变动对低碳经济发展产生的影响。在随后的研究中，本章将回答三个问题：第一，中国的节能减排政策对全要素生产率是否产生了积极的贡献；第二，中国省际生产要素的替代性趋势如何，是否需要后续政策干预；第三，中国省际技术进步的偏向性变化能否推动绿色可持续发展，是否有利于节约能源、保护环境。

第二节　有偏技术进步模型构建与统计检验

一、有偏技术进步模型构建方法

随机前沿生产函数反映了在既定技术水平下的生产要素组合与最大产出之间的函数关系，最早由艾格纳、洛弗尔和施密特（Aigner, Lovell and Schmidt, 1977）与米乌森和范登布罗克（Meeusen and Van den Broeck, 1977）同时提出。在生产函数中，随机前沿生产函数考虑到了随机因素对产出的影响；同时，由于超越对数生产函数引入投入要素之间投入要素与时间变量之间的相互作用关系，放宽了技术中性的假设，可以揭示出经济系统内更多的内容，因而在实证研究中获得了广泛的应用。本章考虑到中国地域辽阔，区域间劳动力、气候等因素差异性较大，可能会对环境生产技术下产出影响，因此选用随机生产边界模型作为估计低碳全要素生产率增长率的基础。超越对数生产函数的模型形式为：

$$
\begin{aligned}
\ln Y_{it} = {} & \beta_0 + \beta_t t + \frac{1}{2}\beta_{tt}t^2 + \beta_l \ln l_{it} + \beta_k \ln k_{it} + \beta_e \ln e_{it} + \beta_c \ln c_{it} \\
& + \beta_{tl} t \ln l_{it} + \beta_{tk} t \ln k_{it} + \beta_{te} t \ln e_{it} + \beta_{tc} t \ln c_{it} \\
& + \frac{1}{2}\beta_{l2}(\ln l_{it})^2 + \frac{1}{2}\beta_{k2}(\ln k_{it})^2 + \frac{1}{2}\beta_{e2}(\ln e_{it})^2 + \frac{1}{2}\beta_{c2}(\ln c_{it})^2 \\
& + \beta_{lk}\ln l_{it}\ln k_{it} + \beta_{le}\ln l_{it}\ln e_{it} + \beta_{lc}\ln l_{it}\ln c_{it} \\
& + \beta_{ke}\ln k_{it}\ln e_{it} + \beta_{kc}\ln k_{it}\ln c_{it} + \beta_{ec}\ln e_{it}\ln c_{it} \\
& + v_{it} - \mu_{it}
\end{aligned} \tag{5-1}
$$

式（5-1）中，y_{it} 代表区域经济产出；i 和 t 分别为区域和年份；x_j 为劳动力（L）、资本存量（K）、能源消费量（E）和环境（C）投入要素，采用区域二氧化碳排放量作为环境投入指标；β 为待估参数，如果对于任意的 j 存

在 $\beta_{jt} = 0$，表明技术进步是中性的，反之就是有偏的。v_{it} 是噪音误差项，u_{it} 为非负的技术无效率项。噪音项误差项 v_{it} 满足独立同分布和对称性的假设，且与技术无效率项 μ_{it} 分布相互独立。组合误差项 $\sigma^2 = \sigma_v^2 + \sigma_u^2$；令 $\gamma = \sigma_u^2 / \sigma_v^2 \in [0, 1]$，当 $\gamma \to 0$ 时，表示实际产出偏离生产前沿是由噪音误差项造成的，无效率项为常数；当 $\gamma \to 1$ 时，表示实际产出偏离生产前沿完全是由于技术无效率项造成，与噪音误差不相关。

（一）要素投入产出弹性

要素投入产出弹性是分析经济增长的绩效、特征与可持续性等问题的重要参数，表示生产中产品产量变动对生产要素投入量变动的敏感程度，可以用来评价资源投入的转化效果。具体测算公式如下：

$$\eta_i = \frac{\partial \ln Y}{\partial \ln X_i} = \beta_j + \sum_{i=1}^{4} \beta_{ij} \ln X_j + \beta_{ij} \tau \qquad (5-2)$$

劳动投入产出弹性

$$\eta_l = d\ln y / d\ln l = \beta_{ll} + \beta_{tll} t + \beta_{ll2} \ln l + \beta_{lllk} \ln k + \beta_{llle} \ln e + \beta_{lllc} \ln c \qquad (5-3)$$

资本投入产出弹性

$$\eta_k = d\ln y / d\ln k = \beta_{lk} + \beta_{tlk} t + \beta_{lk2} \ln k_{it} + \beta_{lllk} \ln l_{it} + \beta_{lkle} \ln e_{it} + \beta_{lklc} \ln c_{it}$$
$$(5-4)$$

能源投入产出弹性

$$\eta_e = d\ln y / d\ln e = \beta_{le} + \beta_{tle} t + \beta_{le2} \ln e_{it} + \beta_{llle} \ln l_{it} + \beta_{lkle} \ln k_{it} + \beta_{lelc} \ln c_{it} \qquad (5-5)$$

环境投入产出弹性

$$\eta_c = d\ln y / d\ln c = \beta_{lc} + \beta_{tlc} t + \beta_{lc2} \ln c_{it} + \beta_{lllc} \ln l_{it} + \beta_{lklc} \ln k_{it} + \beta_{lelc} \ln e_{it} \qquad (5-6)$$

（二）全要素生产率增长率及其分解

将环境要素纳入随机前沿生产函数，可以考虑在能源与环境投入约束下，能源、环境要素与劳动和资本等要素之间替代关系下的实际生产过程的效率水平。参考库姆巴卡尔（Kumbhakar，2000）的方法，将全要素生产率分解为技术进步、技术效率和规模效率，公式如下：

$$TPF_{it} = TC_{it} + TEC_{it} + SE_{it} \qquad (5-7)$$

其中，TC 为技术进步率，即控制要素投入后生产技术前沿面随时间推移而变化的速率，技术进步是指可以产生的生产技术的变化改进使用现有投入的方法（无形的技术进步）或通过输入质量的变化（体现为技术进步）。在这里，我们只考察无形的技术变革，将技术变革视为生产函数随时间的转变。模型中测算公式为：

$$
\begin{aligned}
TC(x,t) &= \frac{\partial \ln f(x,t)}{\partial t} = \beta_t + \beta_{tt}t + \sum_j \beta_{jt}\ln x_j \\
&= \beta_t + \beta_{tt}t + \beta_{tl}\ln l_{it} + \beta_{tk}\ln k_{it} + \beta_{te}\ln e_{it} + \beta_{tc}\ln c
\end{aligned}
\tag{5-8}
$$

TEC 为技术效率变化率，即技术效率随时间随着时间的推移而产生变化的速率：

$$
TEC_{it} = \partial \ln TE_{it}/\partial t = \partial \ln \exp(-u_{it})/\partial t = -\partial u_{it}/\partial t
\tag{5-9}
$$

SE 为规模效率变化率，反映了要素的规模报酬对全要素生产率增长的贡献，其计算公式为：

$$
SE_{it} = (RTS_{jit} - 1) \sum_j \lambda_{jit} x
\tag{5-10}
$$

$\lambda_{jit} = \eta_{jit}/RTS_{it}$ 表示要素 j 相对于总体规模报酬的产出弹性，$\eta_{jit} = \partial \ln Y/\partial \ln j$ 为 t 时刻 i 区域要素 j 的产出弹性，x_{jit} 为投入要素 j 在 t 时刻 i 区域（J = L，K，E，C）的变化率，$RTS_{jit} = \sum_j \eta_{jit}$ 表示规模经济效应。

（三）投入要素的替代弹性

要素替代弹性是指在既定的产出下，要素结构相对变化与要素边际替代率相对变化的比值。传统的方法是假设要素间为替代关系，通过柯布－道格拉斯生产函数（C-D 生产函数）估计交叉价格弹性。劳里茨·R. 克里斯滕森、戴尔·W. 约根森和劳伦斯·J. 刘（Laurits R. Christensen，Dale W. Jorgenson，Lawrence J. Lau，1971）在 C-D 生产函数中引入交互项（也适用于成本函数），并允许每两种要素之间可能成为互补品。改进了 C-D 生产函数单一等式估计的缺陷，实现多要素替代弹性的估计，超越对数函数在要素替代方面估算具有独特优势，但在推导测算要素替代弹性方面存在较大争议。本书采用郝枫（2015）具有对称性的要素替代弹性计算方法，计算公式为：

$$
\sigma_{ij} = \left[1 + \left(2\beta_{ij} - \frac{\eta_i}{\eta_j}\beta_{ii} - \frac{\eta_i}{\eta_j}\beta_{jj}\right)\right](\eta_i + \eta_j)^{-1}
\tag{5-11}
$$

由此，可以计算投入要素 L、K、E 和 C 四中投入要素间任一两种要素间的替代弹性 σ_{ij}。如果 $\sigma_{ij} < 0$，两要素为互补关系；如果 $\sigma_{ij} > 0$，则为替代关系。

（四）技术进步要素偏向性

技术进步偏向性的本质是技术进步引起其偏向要素相对边际产出的增加。戴蒙德（Diamond，1965）在 Hicks 的基础上提出了技术进步要素偏向指数的计算方法。卡纳（Khanna，2001）基于超越对数生产函数，利用要素的产出弹性和要素之间的替代弹性来衡量一组投入要素之间技术效率差异的指标。本书选用此方法测算技术进步偏向，测算公式为：

$$Bias_{i,j} = \beta_{it}/\eta_i - \beta_{jt}/\eta_j \qquad (5-12)$$

式（5-12）中，i 和 j 表示两种不同的要素投入，β_{it} 和 β_{jt} 分别表示要素 i 和要素 j 对时间的系数，η_i 和 η_j 分别表示 i 和 j 要素的产出弹性。如果 $Bias_{ij} > 0$，表明技术进步引起的 i 要素边际产出增长率大于 j 要素边际产出，则称技术进步偏向于要素 i，生产活动倾向于节约要素 j；如果 $Bias_{ij} < 0$，表明技术进步引起的 i 要素边际产出增长率小于 j 要素边际产出，则称技术进步偏向于要素 j，生产活动倾向于节约要素 i；当 $Bias_{ij} = 0$，则表明技术进步是中性的。根据这一思路，可以得到资本、劳动、能源和环境要素间技术进步的要素偏向指数 $Bias_{kl}$、$Bias_{ke}$、$Bias_{kc}$、$Bias_{le}$、$Bias_{lc}$ 和 $Bias_{ec}$。

二、投入产出指标与资料来源说明

鉴于数据的可得性和实证研究的需要，本书选取了 1995～2014 年我国 30 个省份的投入产出数据作为样本。其中，投入要素包括资本（K）、劳动力（L）、能源（E）和环境（二氧化碳），产出要素为区域生产总值（GRP）。（1）劳动力，劳动力的投入以各地区年初、年末就业人数的平均值计算，单位为万人。（2）资本投入，各省份的资本投入量以资本存量数据表示，由于资本存量无法直接从统计年鉴获得，通常采用永续盘存法进行估算，资本存量数据以前文测算数据为准。（3）能源消费，能源数据以各地区消耗的各类能源为基础数据，按照各种能源标准煤系数统一换算为标准煤，单位为万吨。（4）环境投入，经济生产活动中，环境因素在为经济活动提供环境货物和环境服务的功能时，会直接导致环境资源的数量耗减和质量变化，从而构成了环境资源的耗减成本和降级成本，统称为环境成本（孙静娟，2005）。1993 年五大国际组织就提出将环境资源因素引入国民经济账户体系（the system of national accounts, SNA），改为将环境与经济综合核算体系（system of integrated environmental and economic accounting, SEEA）。在应对气候变化减少碳排放的约束下，限额排放已是一种必然趋势，地区碳排放总额是一种稀缺资源，为此，本书的环境投入变量选取各地区二氧化碳排放量（万吨），以"CO_2"表示，数量的测算以前文的方法为准。

三、模型估计及分析

在对技术进步偏向进行测算前，需要对随机前沿模型设定的合理性进行检验，主要包括以下几部分。

（1）随机前沿生产模型有效性检验。H_0：如果原假设 $\gamma = 0$ 成立，则 $\sigma_u^2 = 0$，模型中不包含 u_{it} 项，表明所有生产单元均位于生产前沿面上，不需采用随机前沿分析，采用普通最小二乘法回归即可；如果拒绝原假设，那么，表明技术的无效率存在，有必要选用随机前沿模型进行分析。

（2）前沿生产函数形式设定检验。H_0：$\beta_t = \beta_{tt} = \beta_{tl} = \beta_{tk} = \beta_{te} = \beta_{tc} = \beta_{l2} = \beta_{k2} = \beta_{e2} = \beta_{c2} = \beta_{lk} = \beta_{le} = \beta_{lc} = \beta_{ke} = \beta_{kc} = \beta_{ec}$，如果原假设成立，则表明应当选用 C-D 柯布－生产函数模型，如果拒绝原假设，则表明设定为超越对数生产函数是适宜的。

（3）技术进步因素是否存在检验。H_0：$\beta_t = \beta_{tt} = \beta_{tl} = \beta_{tk} = \beta_{te} = \beta_{tc} = 0$，如果接受原假设，即不存在技术进步；如果拒绝原假设，则技术进步效应存在，此时还需技术进步是否为中性检验，即检验 $\beta_{tl} = \beta_{tk} = \beta_{te} = \beta_{tc} = 0$ 是否成立。

（4）技术非效率特征信息检验。假设 $\mu = 0$ 服从半正态分布，否则 μ 服从截断正态分布。通过 $LR \equiv -2\ln\left[\log L(\tilde{\beta}, \tilde{\sigma}^2) - \log L(\hat{\beta}, \hat{\sigma}^2)\right] \cdot \chi^2(m)$ 对上述假设进行似然比检验。LR 统计量为 $L(H_0)$ 和 $L(H_1)$ 分别是原假设 H_0 和备择假设 H_1 前沿模型的对数似然函数值。首先对模型进行无约束估计，得到备择假设下的对数似然值 $L(H_1)$，然后分别在下列约束条件下估计模型，得到零假设下的对数似然值 $L(H_0)$。

如果零假设 H_0 成立，那么检验统计量 λ 服从渐进卡方分布（或混合卡方分布），自由度为受约束变量的数量。在原假设约束条件成立的条件下，$LR \leqslant \chi^2_{a(m)}$，其中 m 表示约束条件个数；如果 $LR > \chi^2_{a(m)}$，则拒绝原假设。由前文第（1）项检验结果（见表 5-1）可知，γ 值为 0.9922 且在 1% 的水平上显著，说明原假设不成立，技术无效率情况明显存在，有必要采用随机前沿分析方法。第（2）项与第（3）项检验结果如表5－1所示，其中第（2）项检验结果显示拒绝原假设，说明C-D生产函数无法准确表达生产函数的意义，采用超越对数生产函数更为合理。总体方差 $\sigma^2 = \sigma_v^2 + \sigma_u^2$ 反映了生产波动情况受到随机因素和无效率因素的影响，其值为0.3432，表明误差项和无效率项虽然存在一定的波动幅度，但幅度不大。γ 值为0.9922且在1%的水平上显著，说明组合误差项的变异主要来自技术非效率，随机误差项带来的影响很小（0.78%）。因此，选用随机前沿模型可以很好地刻画创新活动的特征与变化。

第（3）项检验的结果表明，中国各省市生产过程中存在技术进步，而且是非中性的，因此我们采用上述超越对数生产函数测算技术进步偏向也是合理的。而第（4）项检验的结果则显示，均值 μ 服从截断正态分布且技术无效率具有时变性（见表5－1）。总体而言，采用基于超越对数生产函数的随机前沿模型是合理的。

表5－1　　　　　　　　　　　　模型设定检验结果

检验内容	检验结果（LR值）	$X^2_{0.05}$	检验结果
$\beta_t = \beta_{tt} = \cdots = \beta_{kc} = \beta_{ec} = 0$	1079.8177	33.607	拒绝
$\beta_t = \beta_{tt} = \beta_{tl} = \beta_{tk} = \beta_{te} = \beta_{tc} = 0$	951.5612	17.791	拒绝
$\beta_{tl} = \beta_{tk} = \beta_{te} = \beta_{te} = 0$	120.663	14.045	拒绝

第三节　技术进步要素偏向与省际分布

一、中国省际超越多数随机前沿生产函数估计值

考虑到样本时间跨度为20年，周期较长，可能发生技术变迁，选用技术可变的面板随机前沿生产模型，运用Stata15.0软件完成对模型的参数估计，结果如表5－2所示。由测算结果可知，绝大多数参数都在1%的水平上显著，表明模型拟合度较高，具有很强的解释力。模型中，反映技术效率随时间变化系数为0.5066，且在1%水平上显著。因此，从模型整体的诊断性指标和生产无效率的检验结果来看，极大似然估计值和单侧LR检验值同样表明模型的解释力较为理想。

表 5 - 2　　　　1995～2014 年中国省际超越多数随机前沿生产函数估计值

超越对数生产函数					
变量	系数	z 值	变量	系数	z 值
β_{ll}	1. 3309 *** （0. 2278）	5. 84	β_{lllk}	− 0. 0074 （0. 0302）	− 0. 24
β_{lk}	0. 7773 *** （0. 1906）	4. 08	β_{llle}	0. 3322 *** （0. 1103）	3. 20
β_{le}	− 2. 3969 *** （0. 5907）	− 4. 06	β_{lllc}	− 0. 2881 *** （0. 0823）	− 3. 50
β_{lc}	1. 7269 *** （0. 4462）	3. 87	β_{lkle}	0. 21941 *** （0. 0890）	2. 47
β_{t}	0. 0790 *** （0. 0272）	2. 91	β_{lklc}	− 0. 0810 （0. 0655）	− 1. 24
β_{t2}	− 0. 0049 *** （0. 0008）	− 6. 23	β_{lelc}	0. 3841 *** （0. 1092）	3. 52
β_{tlk}	0. 0324 *** （0. 0044）	7. 35	β_{ll2}	− 0. 1325 *** （0. 0517）	− 2. 56
β_{tll}	− 0. 0086 *** （0. 0039）	− 2. 19	β_{lk2}	− 0. 1438 *** （0. 0445）	− 3. 23
β_{tle}	0. 0126 （0. 0138）	0. 92	β_{le2}	− 0. 6593 *** （0. 1740）	− 3. 79
β_{tlc}	− 0. 0373 *** （0. 0110）	− 3. 40	β_{lc2}	− 0. 2063 * （0. 1105）	− 1. 87
$\sigma_{u(t)}$	0. 5066 *** （0. 1218）	− 2. 68	σ_{v}	− 4. 1854 *** （0. 0718）	− 58. 32
γ			0. 9922		
Log likelihood			354. 6774		

注：括号中数字为回归系数标准差；*** 、** 、* 分别表示在 1%、5% 和 10% 的水平上显著。

表 5 - 3 报告了 1995～2014 年我国环境生产技术过程中要素产出弹性与 1996～2014 年全要素生产率及其分解指标变化趋势。

表 5 - 3　　　1995～2014 年中国环境生产技术要素产出弹性及全要素生产率分解

年份	eta_l	eta_k	eta_e	eta_c	TEC	scale	TC	TFP
1995	0. 8386	0. 5326	− 0. 5653	0. 4493	—	—	—	—
1996	0. 8275	0. 5560	− 0. 5455	0. 4187	0. 0277	0. 0101	0. 0006	0. 0384
1997	0. 8119	0. 5769	− 0. 5174	0. 3838	0. 0225	0. 0115	0. 0008	0. 0348
1998	0. 7944	0. 5934	− 0. 4831	0. 3464	0. 0175	0. 0036	0. 0010	0. 0221
1999	0. 8003	0. 6122	− 0. 4751	0. 3275	0. 0172	0. 0072	0. 0013	0. 0257
2000	0. 8028	0. 6408	− 0. 4757	0. 3081	0. 0132	0. 0071	0. 0017	0. 0220
1995～2000	0. 8126	0. 5853	− 0. 5104	0. 3723	0. 0196	0. 0079	0. 0011	0. 0286
2001	0. 7886	0. 6618	− 0. 4493	0. 2737	0. 0078	0. 0136	0. 0022	0. 0235

续表

年份	eta_l	eta_k	eta_e	eta_c	TEC	scale	TC	TFP
2002	0.7968	0.6932	-0.4583	0.2582	0.0038	0.0117	0.0028	0.0183
2003	0.7948	0.7214	-0.4512	0.2319	-0.0024	0.0160	0.0036	0.0172
2004	0.7906	0.7504	-0.4408	0.2032	-0.0088	0.0202	0.0047	0.0161
2005	0.7927	0.7751	-0.4325	0.1776	-0.0138	0.0199	0.0060	0.0122
2001 ~ 2005	0.7927	0.7204	-0.4464	0.2289	-0.0027	0.0163	0.0039	0.0175
2006	0.7966	0.7992	-0.4256	0.1550	-0.0169	0.0241	0.0078	0.0150
2007	0.7867	0.8197	-0.3989	0.1195	-0.0223	0.0286	0.0100	0.0163
2008	0.7785	0.8381	-0.3726	0.0863	-0.0262	0.0294	0.0129	0.0161
2009	0.7712	0.8548	-0.3437	0.0526	-0.0294	0.0351	0.0166	0.0223
2010	0.7666	0.8741	-0.3209	0.0208	-0.0333	0.0335	0.0214	0.0215
2006 ~ 2010	0.7799	0.8372	-0.3723	0.0868	-0.0256	0.0301	0.0137	0.0182
2011	0.7552	0.8937	-0.2909	-0.0163	-0.0387	0.0317	0.0276	0.0206
2012	0.7503	0.9120	-0.2677	-0.0468	-0.0417	0.0345	0.0355	0.0284
2013	0.7290	0.9226	-0.2173	-0.0905	-0.0443	0.0401	0.0458	0.0416
2014	0.7222	0.9411	-0.1938	-0.1209	-0.0473	0.0316	0.0590	0.0433
2011 ~ 2014	0.7392	0.9174	-0.2424	-0.0686	-0.0430	0.0345	0.0420	0.0335

注：$\eta - I$ 表示要素投入 I（I＝L，K，E，C）的产出弹性；TEC 为技术效率变化，SCALE 为规模效率，TC 为技术进步，TFP 为全要素生产率。

资料来源：根据测算结果整理。

　　从各要素产出弹性的变化趋势来看，我国的劳动产出弹性逐渐趋弱，而资本产出弹性逐步提升，资本大约于 2006 年取代劳动逐渐成为驱动中国经济增长的最主要因素。资本投入产出弹性变化表明单位资本增加边际产出也在持续上升。这说明，我国虽是一个劳动力相对丰富、资本相对稀缺的国家，但在生产过程中资本投入远远大于劳动投入，导致生产技术向资本密集方向发展。这种现象也与大多数发展中国家的经验相吻合，发达国家主要依靠自主创新实现技术进步而发展中国家一般通过技术引进方式实现技术升级（刘小鲁，2011）。同时，中国现有的统计资料表明，在 1985 ~ 1996 年，国外技术引进总额中，设备引进所占比例年均达 78.2%；1990 ~ 2014 年引进的机器设备年均进口额增长率高达18%。大量先进设备的引进，使得技术进步不断融合于物质资本当中，也正是由于这些新机器、新产品或新软件等设备引进，改变了资本的生产效率（董直庆等，2016）。由此可以得出，中国作为新兴经济体国家主要是通过从发达国家引进技术设备等方式实现技术升级，技术进步通常融合在设备资本投入之中（林毅夫和任若恩，2007；张勇和古明明，2013）。

能源与环境要素的产出弹性的动态变化轨迹与中国节能减排政策贯彻实施效果高度吻合。能源产出弹性始终为负，且绝对值呈下降趋势，说明能源要素的边际投入相对减少而边际产出相对增加，实际是能源利用效率的提高。这意味着我国节能政策既节约能源又提高了产出水平，但能源利用效率提升幅度越来越小。也从另一个侧面说明在能源结构不变的前提下通过升级节能设备提高能效、降低能耗的技术进步路径来实现减排的空间越来越小。

环境要素投入产出弹性呈现下降趋势，且在2011年之后为负数，说明我国自1992年以来贯彻《环境与发展十大对策》，实施"为履行气候公约，控制二氧化碳排放，减轻大气污染，最有效的措施是节约能源"等一系列节能减排政策具有显著成效，尤其是2009年我国承诺碳强度减排目标之后，可能由于时滞效应，使得在"十二五"开局之年才使我国环境要素投入产出弹性由正转负，表明在严厉的环境规制和加大环境投入下，产出水平必然下降，碳减排对经济产出具有较强的负效应。值得欣慰的是，环境产出弹性转负数以后，绝对值持续上升，意味着生产过程中减少环境投入将会引起产出水平的上升。如果未来环境产出弹性不再为负，区域经济增长的同时增加二氧化碳排放，那么各地区自主减排动力将更低，环境污染也将更严重。

从整体来看，考察期内环境全要素生产效率增长经历了由降到升的U形过程，在"九五"期间，环境全要素生产率增长2.86%；在"十五"期间，环境全要素生产率增长1.75%；在"十一五"期间，环境全要素生产率增长1.82%；在"十二五"前四年，环境全要素生产率增长3.35%，且在整个考察期内均值大于零，尤其是"十二五"期间呈现逐步上升趋势，说明中国各地区的环境全要素生产率在不断提升，资源配置效率得到优化，也意味着中国强制性的碳减排成效显著。从推动全要素生产率的构成来看，2003年之前，环境全要素生产率增长主要来自技术进步、技术效率和规模效率的贡献；2003年之后，技术效率增长率由正转负，环境全要素生产率主要来自技术进步和规模效率的贡献。技术效率的变化意味着当模型考虑环境要素投入后，大部分省份在经济生产过程中都是在偏离随机前沿面较远的点进行生产的，表明我国加入 WTO 后，虽然获得技术进步和经济规模快速增长取得经济总量位居全球第二的成就，但却是以生态环境恶化、城市"雾霾"频发为代价的。结合前文来看，中国通过从发达国家引进技术设备等方式实现技术升级，促进了技术进步，但跨国技术转移技术溢出没有促进中国绿色技术创新效率的提升。在没有考虑技术进步偏向性因素的情况下，可能是中国的技术引进模式大多数以中低端为主，受制于日益严格的国际知识产权制度的保护，尖端技术的获得必须以支付高昂的许可费用为前提，从而占用自身的研发经费（罗良文和梁圣蓉，2017）。这也从另一个方面证明了中国经济的低碳发展必须走适合自身国情的创新之路。

　　图 5 - 1 绘制了中国 30 个省市 1995 ~ 2014 年的资本产出弹性。从图 5 - 1 可以明显看出，在考察期内，中国 30 个省份资本产出弹性均呈现出递增趋势且最终皆是产出弹性最高的要素，进一步验证了中国各地区经济发展由资本驱动的事实。

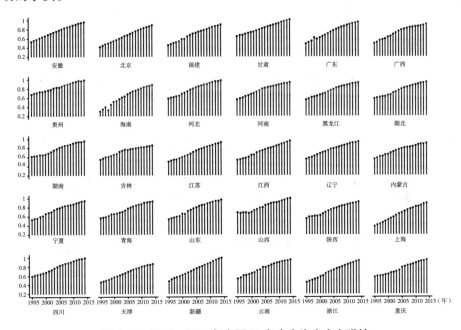

图 5 - 1　1995 ~ 2014 年中国 30 各省市资本产出弹性

资料来源：根据测算结果绘制。

　　其中，北京、上海、天津、新疆、青海、海南和宁夏等的劳动产出弹性在 2006 年之前是所有要素中最高的，但 2006 年之后让位于资本。这表明这些地区在 2006 年之前的产出水平由劳动驱动，之后则转为资本驱动了。各省资本要素产出弹性的变化反映了20世纪90年代中后期地方政府普遍资金短缺，改变了地方政府的效用函数，使得地方政府转向以"亲资本"为内涵的改革政策（温铁军等，2013）；此外政绩考核体系也使地方政府持续保持投资热情（周黎安，2004），加速了各地区的资本积累进程。1995年以来，中国30个省市中多数省市的能源产出弹性一直为负值。产出弹性为负值表示经济增长对能源的消耗呈现递减状态，也即能源的利用效率始终在提升。

如图5-2所示，截至2014年，30个省份中有25个省份的能源投入产出弹性皆为负。这意味着我国强制性的节能政策指标的实施，提高了能源利用效率，也保持了经济增长，实现了节能与增产的双赢。同时也表明我国自2006年"十一五"规划发展纲要中提出的"能源强度约束政策"在转变生产方式中取得了巨大成功。但是，依然有5个省份的能源产出弹性为正（安徽、广东、河南、江苏、山东），这些省份近年的经济增速较高，能源的消耗也在增长，需要改进经济增长方式，在生产过程中摆脱对能源投入的过度依赖，实现低能耗高产出的发展路径。

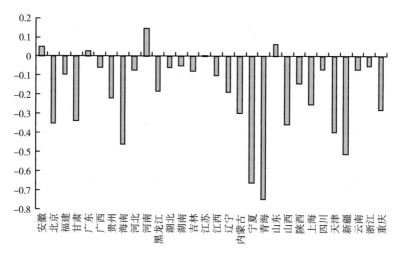

图5-2　2014年中国30省份能源产出弹性

资料来源：根据测算结果绘制。

类似地，在30个省份中，多数省份环境投入产出弹性在2005年后由正转负，截至2014年有24个省份的环境要素投入产出弹性由正转负（见图5-3）；这一趋势与我国的强制性节能减排规制贯彻实施基本吻合，意味着国家节能减排政策的实施可以同时实现减少"碳排放"与"增加产出"的双重目标，国家碳强度减排政策在实现生产方式由粗放式向集约式转变过程中取得了巨大成功。但是，仍然有 6 个省市的环境投入产出弹性始终为正（北京、天津、海南、宁夏、青海和新疆），但均呈现下降趋势。其中，北京和天津可能是因为城市规模、城市生活、交通等生活方式所致，而其他省份经济发展水平不高，可能是补偿性的发展需要，需要改变生产方式，调整要素投入结构，努力降低生产过程中碳排放量。

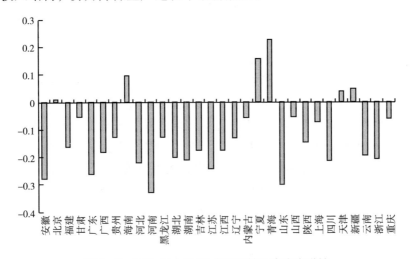

图 5 - 3　2014 年中国 30 省份环境要素产出弹性

资料来源：根据测算结果绘制。

二、生产要素的替代弹性

经济生产过程中，若生产要素为替代关系，意味着生产者着重提升充裕要素的生产率，以节约稀缺要素并实现规模效应；若生产要素为互补关系，则表明偏好稀缺要素偏向型的技术进步，从而在无法节约稀缺要素情形下充分挖掘其边际报酬（Acemoglu et al.，2003）。由图 5 - 4 可以看出，资本与劳动是替代关系。考察期内，所有省份的资本－劳动替代弹性平均值为 0.7142，二者为替代关系，且随着时间的推移呈现持续下降趋势。这一结论与现有文献（陈晓玲和连玉君，2012）的研究成果一致。格兰德维尔（Grandville D L.，1989）认为一个国家的资本与劳动替代弹性越大，经济增长越能从中获益，在固定投入产出比条件下，具有较高替代弹性的国家将具有更高的经济增长率，这就是格兰德维尔假说（De La Grandville Hypothesis）。资本劳动要素替代弹性呈现下降趋势是资本投资边际收益递减规律使然，但也表明中国以资本驱动的发展模式不可持续。

　　资本与能源、资本与环境的关系具有阶段性特征。资本与能源替代效应是否存在，由于研究方法、模型假设等方面存在差异，因而不同研究得出的结论也不同。本章研究的结论表明，1996 年以前资本与能源的替代效应存在，1997 年之后呈现互补关系。这可能是由于我国采取扩大内需的宏观管理政策，以投资、消费、出口构成的 GDP 为核心目标的发展模式，在国家大范围的投资刺激政策发挥作用时，必然增加对能源要素投入的需求。因此，资本存量的增加很可能引起能源投入的增加（杨振兵，2016），二者形成了明显的互补关系。同时，资本与环境之间的弹性系数在 2010 年之前大于零，是替代关系；2010 年之后转化为小于零，为互补关系。这种变化趋势与国家碳减排政策高度一致，即在 2009 年根本哈根会议上对国际气候变化会议承诺减排之前，我国虽然在 2005 年就实行自主减排，但约束力不强，多数省份在"十一五"期间采取拉闸限电的方式减排。实际生产中，能源消耗增长导致碳排放增多意味着环境消耗增多，这与 GDP 增长呈现正相关关系；而 2010 年的强制减排之后，能源消费增多，投入排放治理必然增加，意味着环境投入的减少，因而呈现出负相关的关系。

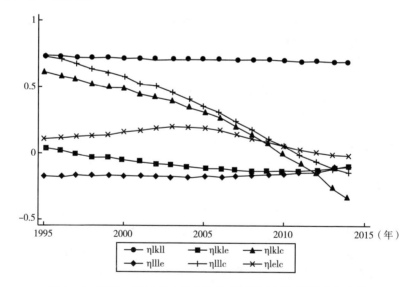

图 5 - 4　1995 ~ 2014 年中国经济生产过程中要素替代弹性趋势

　　注：η_{lkll}、η_{lkle}、η_{lklc}、η_{llle}、η_{lllc}、η_{lelc}，分别代表资本 - 劳动、资本 - 能源、劳动 - 能源、劳动 - 环境和能源 - 环境的替代弹性。

　　资料来源：根据测算结果绘制。

　　能源与劳动是互补关系，这与有关文献以部门或行业为研究对象得出能源与劳动要素替代关系不同，主要是因为本章采用的是省际面板数据，中国经济发达省份的就业人口较多，同时这些省份也是碳排放绩效较高的省份，单位经济产出的能源边际效率较高，因而呈现出互补关系。同时，劳动与环境投入、能源与环境投入均为由替代关系转化为互补关系，这同样是由于强制性减排政策的贯彻实施，反映了我国节能减排政策的有效性。

　　从省际来看，截至 2014 年，在 30 个省份中，资本与劳动两要素之间均是替代关系，但资本、劳动与能源、环境的替代弹性省际分化呈现出组群特质。生产要素间替代弹性反映了生产过程中要素的充裕和稀缺程度，决策者可以依据生产投入品替代弹性的大小确定政策干预的强度（Acemoglu et al.，2012）。为此，本章依据于环境要素与其他要素的替代弹性对 30 个省份进行组群划分（见表 5-4）。组群 I 内有北京、天津、海南、新疆、宁夏和青海6 个省份，环境与资本、劳动和能源均是替代关系，能源与资本、劳动之间呈现是互补关系。这种替代关系表明资本、劳动的增加会引起能源的增加，但资本、劳动和能源要素的增加均可以替代环境的投入，按照阿西莫格鲁等（2012）的结论，这些省份可能是中国目前要素替代关系最好的省份，如顺此发展，即使无政策干预，这类省份的环境灾害也可以避免。组群 II 内有安徽、河南、广东、山东和江苏 5 个省份，在这 5 个省份中，环境与资本、劳动是互补关系，能源与资本、劳动呈现替代关系，环境和能源是替代关系。这类省份一方面，能源与资本、劳动生产要素实现了外部替代，即通过节能设备升级提高能效、降低能耗的途径完成，实质是能源的利用效率的提高；某种程度上是资源配置优化的结果。因而具有显著的经济属性（Berndt and Wood，1975）。另一方面，资本与能源呈现替代关系也与国家制定有针对性的节能减排政策相关，一定程度上反映了这些地区通过要素优化配置实现最优生产的策略，因而需要长期的政策干预才能避免环境灾难。当资本和能源之间表现为替代关系时，在一定技术条件下，借助更多资本投入有助于能源节约政策目标的实现（赫永达等，2017）。组群 III 内是剩余的 19 个省份，环境与能源、资本、劳动均是互补关系。依据阿西莫格鲁等（2012）的结论，这组省份也可能是最差的情形，这种情况下要阻止环境灾难的发生必须以牺牲经济长期增长为代价。因此，这些省份应当充分抓住经济增长新常态的发展机遇，淡化 GDP 锦标赛，全力贯彻"大众创业，万众创新"政策，以创新为动力，驱动地区产业结构升级转型，实现经济的可持续增长。

表 5 - 4　　　　2014 年 30 个省份环境生产投入过程中要素的替代弹性

组群	省份	ηlkll	ηllle	ηlllc	ηlkle	ηlklc	ηlelc
组群 I	北京	0.7381	- 0.2142	0.0247	- 0.1974	0.0244	0.0245
	海南	0.7346	- 0.2285	0.2338	- 0.2098	0.2125	0.1931
	天津	0.7432	- 0.2395	0.0947	- 0.2016	0.0916	0.0908
	新疆	0.7487	- 0.2412	0.1175	- 0.2439	0.1113	0.1099
	宁夏	0.7504	- 0.2104	0.3554	- 0.1902	0.3148	0.2728
	青海	0.7584	- 0.2123	0.476	- 0.1378	0.4183	0.3312
组群 II	安徽	0.6578	0.0334	- 0.2009	0.0333	- 0.6925	0.0291
	河南	0.6668	0.0987	- 0.182	0.0991	- 0.7331	0.064
	广东	0.6969	0.0169	- 0.2874	0.0169	- 0.6627	0.0159
	山东	0.6859	0.0437	- 0.2453	0.0436	- 0.7295	0.0369
	江苏	0.7061	0.002	- 0.3133	0.002	- 0.6103	0.0019
组群 III	福建	0.7113	- 0.066	- 0.2897	- 0.0657	- 0.4223	- 0.0816
	甘肃	0.7123	- 0.1795	- 0.126	- 0.2079	- 0.1428	- 0.1278
	广西	0.6999	- 0.0411	- 0.2874	- 0.0411	- 0.4724	- 0.0479
	贵州	0.6998	- 0.1358	- 0.2388	- 0.1449	- 0.3414	- 0.1785
	河北	0.7014	- 0.0521	- 0.299	- 0.0524	- 0.5895	- 0.0619
	黑龙江	0.7144	- 0.1218	- 0.2512	- 0.1228	- 0.3347	- 0.1544
	湖北	0.7021	- 0.0412	- 0.2976	- 0.0412	- 0.5269	- 0.0477
	湖南	0.696	- 0.0343	- 0.2884	- 0.0344	- 0.5519	- 0.0389
	吉林	0.7005	- 0.0535	- 0.2871	- 0.0532	- 0.4402	- 0.0645
	江西	0.6879	- 0.0697	- 0.2653	- 0.0709	- 0.4658	- 0.0883
	辽宁	0.7249	- 0.1257	- 0.2676	- 0.125	- 0.3486	- 0.1586
	内蒙古	0.7375	- 0.1893	- 0.1357	- 0.1795	- 0.1467	- 0.1275
	山西	0.7334	- 0.2034	- 0.126	- 0.2141	- 0.1385	- 0.1261
	陕西	0.7087	- 0.0972	- 0.2713	- 0.0977	- 0.3888	- 0.1258
	上海	0.7277	- 0.1628	- 0.1687	- 0.1582	- 0.1899	- 0.1459
	四川	0.6946	- 0.0464	- 0.2855	- 0.0468	- 0.577	- 0.0546
	云南	0.6901	- 0.0492	- 0.2757	- 0.0495	- 0.5132	- 0.0587
	浙江	0.7052	- 0.0348	- 0.3054	- 0.0348	- 0.5356	- 0.0395
	重庆	0.724	- 0.1731	- 0.1399	- 0.1763	- 0.1565	- 0.1315

资料来源：根据测算结果整理。

三、技术进步偏向

根据前文的要素替代弹性公式，计算出了任意两种生产投入的环境技术进步要素偏向指数，并报告于表5-5。

表5-5 1995～2014年中国环境生产技术的偏向

年份	DB-KL	DB-KE	DB-KC	DB-LE	DB-LC	DB-EC	技术进步偏向
1995	0.0651	0.0841	0.1367	0.0189	0.0715	0.0526	K > L > E > C
1996	0.0630	0.0829	0.1405	0.0199	0.0774	0.0575	K > L > E > C
1997	0.0614	0.0827	0.1467	0.0214	0.0853	0.0639	K > L > E > C
1998	0.0603	0.0837	0.1558	0.0235	0.0955	0.0721	K > L > E > C
1999	0.0587	0.0828	0.1605	0.0241	0.1018	0.0777	K > L > E > C
2000	0.0566	0.0807	0.1655	0.0241	0.1090	0.0848	K > L > E > C
1995～2000	0.0608	0.0828	0.1509	0.0220	0.0901	0.0681	K > L > E > C
2001	0.0553	0.0814	0.1793	0.0260	0.1240	0.0979	K > L > E > C
2002	0.0533	0.0787	0.1855	0.0254	0.1323	0.1068	K > L > E > C
2003	0.0517	0.0776	0.2003	0.0260	0.1486	0.1226	K > L > E > C
2004	0.0502	0.0770	0.2214	0.0268	0.1712	0.1444	K > L > E > C
2005	0.0490	0.0765	0.2467	0.0276	0.1977	0.1701	K > L > E > C
2001～2005	0.0519	0.0783	0.2066	0.0264	0.1547	0.1284	K > L > E > C
2006	0.0478	0.0761	0.2761	0.0283	0.2283	0.2000	K > L > E > C
2007	0.0470	0.0779	0.3464	0.0308	0.2993	0.2685	K > L > E > C
2008	0.0464	0.0801	0.4655	0.0337	0.4191	0.3853	K > L > E > C
2009	0.0458	0.0833	0.7418	0.0375	0.6959	0.6585	K > L > E > C
2010	0.0452	0.0861	1.8194	0.0409	1.7742	1.7333	K > L > E > C
2006～2010	0.0464	0.0807	0.7298	0.0342	0.6834	0.6491	K > L > E > C
2011	0.0446	0.0909	-2.2469	0.0462	-2.2915	-2.3378	C > K > L > E
2012	0.0441	0.0953	-0.7637	0.0513	-0.8077	-0.8590	C > K > L > E
2013	0.0441	0.1098	-0.3803	0.0657	-0.4244	-0.4901	C > K > L > E
2014	0.0436	0.1187	-0.2776	0.0751	-0.3212	-0.3963	C > K > L > E
2011～2014	0.0441	0.1037	-0.9171	0.0596	-0.9612	-1.0208	C > K > L > E
1995～2014	0.0517	0.0853	0.0960	0.03367	0.0443	0.0107	K > L > E > C

注：DB-ij表示要素投入i和j（i，j=L，K，E，C）的技术进步偏向指数。

资料来源：根据测算结果整理。

如表 5 - 5 所示，从全国整体考察期 1995 ~ 2014 年均值来看，我国环境技术进步要素偏向次序依次是资本、劳动、能源和环境。由此可见，生产技术进步引起的资本边际产出增长率最高，劳动次之，之后是能源，环境的边际产出增长率最低。在所有生产要素中，生产技术进步明显偏向于资本。生产技术进步偏向于资本这一现象与 20 世纪以来以世界技术前沿国家的技术进步总体特征相符，但其背后的原因不同。市场体制较为完善的经济体中，价格效应与市场规模效应是影响技术进步偏向性的关键因素（Acemoglu，2002）；[①] 而中国作为最大的发展中国家，政府一方面通过技术"赶超战略"以低成本直接从发达国家引进前沿技术，使得技术进步偏向于资本；另一方面，中国在向市场经济体制转轨中，于 1995 年开始采用"双轨制"定价机制，使得劳动力、资本、土地和外汇等要素价格被全面行政低估，这种要素市场价格扭曲对技术进步的方向起着重要影响（易信和刘凤良，2013）。环境（碳排放空间）本质上属于公共产品，具有非竞争性和非排他性，空间充裕且使用成本几乎是零，因而，环境要素的边际产出率最低也是公共产品属性所确定的。

分时间段来看，考察期内技术进步偏性变化与我国节能减排规制实施基本一致。2010 年之前，生产技术进步引起的各要素边际产出增长率次序是资本、劳动、能源和环境。虽然我国在 2006 年颁布实施强制性节能规制，但这一时期执行还不是很严格，环境技术进步较慢，依靠技术进步来完成"十一五"降能耗 20% 的目标难以实现，因而在全国以"限电限产"的极端方式进行节能减排。这在表 5 - 5 中 2009 年、2010 年、2011 年这三年异常的数据也可看出，2009 年开始环境要素的边际产出率迅速提高，尤其是 2010 年、2011 年和 2012 年急速上升至 1.1894、1.7742 和 1.7333。2010 年之后，生产技术进步引起的各要素边际产出增长率次序变化为环境、资本、劳动和能源。环境投入要素的边际产出率得到极大提高，与资本、劳动和能源相比，技术进步明显偏向于环境。这是因为，在碳规制作为约束性指标纳入经济发展规划中，"大气环境"这一具有非排他性和非竞争性特征的公共物品就变得稀缺，且因为和政绩考核挂钩，环境要素因而也就非常昂贵，生产技术进步偏向于环境也在情理之中。这和杨振兵等（2016）以工业行业研究的得出"碳规制政策具有一定时滞效应"结论不一致，可能是研究对象不同所致。从区域角度来看，节能减排政策实施早期，采摘的都是"低悬的果实"，而对于像工业这类具有高价

---

① 价格效应是指技术进步可能倾向于提高相对稀缺且较昂贵生产要素的边际生产率，即新生产技术偏于于稀缺要素的方向发展；市场规模效应是指技术进步偏向于提高相对丰裕且更为便宜生产要素的边际生产率。

值资产设备部门，其节能设备改造、更新升级或产能淘汰都具有一定周期性。我国碳规制政策效应显著也是对国际上质疑中国碳锁定理论的回应，如卡尔森（Karlsson R，2012）对《京都议定书》的清洁发展机制和其他努力向发展中国家扩散低碳技术的制度安排提出质疑，认为由于中国在过去几十年来继续兴建的火电厂不仅导致目前排放量增加，也将长期处于碳锁定状态，并认为《京都议定书》以国家为减排框架的制度安排失败，只有利用核能源技术才能够打破目前包括中国在内发展中国家的碳锁定。本章结论表明，中国节能减排政策对于促进地方低碳技术进步是有效的。

　　从省际层面来看，由于技术进步方向的判断依赖于要素替代弹性的测算结果，我国 30 个省份的环境生产技术进步偏向同样出现组群特征，以 2014 年为例，如表 5 - 6 所示。

表 5 - 6　　　　　2014 年中国 30 个省份的环境生产技术进步要素偏向

组群	省份	技术进步偏向
组群 I	北京、天津、海南、宁夏、青海、新疆	K > L > E > C
组群 II	安徽、江苏、河南、山东、广东	E > C > K > L
组群 III	福建、甘肃、广西、贵州、河北、黑龙江、湖南、湖北、吉林、辽宁、江西、内蒙古、山西、陕西、上海、四川、云南、浙江、重庆	C > K > L > E

数据来源：根据测算结果整理。

　　表 5 - 6 的组群成员分布与表 5 - 4 是完全一致的。从技术进步偏向来看，福建、甘肃等 19 个省份的技术进步偏向环境，其次序是环境、资本、劳动和能源，占样本总数的 63.33%。这一组群的技术进步偏向性特征说明中国目前的技术创新多数侧重于获取成本降低能力和同质性生产规模扩大能力，在碳强度规制下，环境作为生产要素投入中价格相对低廉的要素，导致大多数省份在技术进步过程中更加偏好于使用环境投入，这非常不利于环境生态保护和区域经济可持续发展。其中，上海出现在这一组中多少让人感到意外，但据陈诗一（2011）研究，"九五"期间和"十五"开端时期，全国碳排放出现停顿甚至略有负增长，上海市碳排放同期仍然增长较快；2003 年之后，上海市的碳排放和全国一样飙升；与全国相比，上海市物流业的碳强度比全国高很多，且 2001 年后急剧上升，2007 年较 1995 年净增长达 131.25%；上海市农业和建筑业的碳强度也高于全国平均水平。此外，上海长期以来技术进步偏向劳动较高，但近年来出现偏向能源的趋势，而本书分组的依据是 2014 年要素替代关系，这

可能是上海出现在这一组别的主要原因。依据阿西莫格鲁等（2012）替代弹性的大小来研判，这类省份的低碳发展路径应该是充分利用我国经济增长由高速增长向中高速增长的新常态发展机遇，主动调整产业结构，促进产业结构转型升级，以创新为动力，大力提升劳动、资本和能源投入要素的边际产出率。

安徽、广东、江苏、河南和山东 5 个省份属于第二组群，环境生产技术进步偏向的次序是能源、环境、资本和劳动，占样本总数的 16.67%。这类省份的技术进步依然是以能源与环境为优先投入导向的，但随着"节能减排"的约束目标越来越严格，许多现有节能技术的潜力已到极限，节能降耗的空间越来越小，而且节能技术创新也不会在短时间内一蹴而就，发展绿色经济仍然需要加大环保政策力度。

北京、天津、海南、宁夏、青海和新疆 6 个省市的技术进步偏向的是资本、劳动、能源和环境，占样本考察总数的 20%。这类省（市）技术进步的劳动偏向度最大，在生产技术过程中优先使用资本与劳动，技术进步方式并不偏好于使用能源和环境，这对于其他省份改进技术进步方式具有借鉴作用，对当前中国省际绿色低碳发展也具有重要的指引作用。北京、天津与宁夏、青海和新疆技术进步偏向应该不是同等的，北京和天津应该是技术进步具有绝对优势，而宁夏、青海和新疆相对而言是要素的比较优势。

从三大组群的技术进步偏向来看，组群 I 的经济增长更多依靠人力资本质量和技术进步，这与我国作为一个资本相对稀缺、劳动力相对丰富的国情相适应；但组群 I 最优的生产技术偏向资本，技术进步偏离劳动，将无益于经济均衡发展；说明劳动边际产出增长率低，这也已经被多位学者证实是当前劳动收入所占的份额呈现下降趋势的重要原因（王燕和陈欢，2015），更进一步地抑制了消费需求，制约了内需水平的提高（邓明，2014）。所以，当技术进步偏向于劳动大于资本时，一方面提升了劳动者收入水平，从而可以降低了收入不平等，使扩大内需具有可持续性；另一方面也内生化技能劳动供给，以更低的调整成本和更短的时间适应新技术，进而提高生产率（董直庆，2014）。组群 II 和组群 III 生产技术进步不同程度地倾向于使用能源与环境，生产技术进步倾向于使用能源与资本，不利于碳减排与环境保护；优先使用劳动和资本才是中国节能减排、保护环境和实现低碳可持续发展的长久之路。因此，本书认为省际技术进步应该是沿着劳动、资本、能源和环境要素的方向前进。在此技术进步方向下，中国不但可以降低投资速度，缓解能源危机，减少污染排放、保护生态环境，还可以提升劳动者收入水平以跨越"中等收入陷阱"。

第四节　绿色低碳技术进步：艰难与希望并存

　　绿色技术进步是中国这样的能源消费大国必然要迈出的步伐，但是，技术创新并非一蹴而就，而且创新本身就有不确定性。这是低碳技术创新的艰难之处。本章以资本、劳动、能源、环境作为要素投入，基于超越对数生产函数的随机前沿分析方法，测算了 1995～2014 年中国 30 个省市的要素投入产出弹性、环境全要素生产率增长、要素替代弹性与技术进步的要素偏向。分析在新常态背景、经济增长率换挡与能源约束、环境污染多重压力下，如何有效优化地区技术进步方向，对于应对气候变化与实现可持续发展具有重要的意义。

　　本章的研究结论，一是发现中国劳动与资本的投入产出弹性走势相反，劳动呈现下降趋势而资本呈现上升走势，能源投入产出弹性始终为负，且绝对值呈现下降趋势，环境投入产出弹性同样呈现下降趋势且在"十二五"转为负数，绝对值呈现增大趋势。资本大致在 2006 年取代劳动逐渐成为驱动中国经济增长最主要因素。节能政策是中国自改革开放以来的一贯方针，能源投入产出弹性始终为负数且绝对值呈现下降趋势，说明节能政策实现了能源节约与增加产出的双赢，但通过升级节能设备来节约能源、降低消耗的潜力在已经逼近极限，节能的空间越来越小；环境要素投入产出弹性逐年走低且在"十二五"期间由正转负，说明中国强制性碳减排规制绩效显著。二是发现中国环境全要素生产效率在考察期内呈现 U 形走势，但整体增长率为正，其增长在 1995～2002 年主要由技术效率、规模效率和技术进步率共同驱动，2003～2014 年的驱动力主要是规模效率和技术进步率，且技术进步率在 2012 年超越规模效率，成为全要素生产率主要驱动力，但技术效率在该期间始终为负且绝对值呈现增大趋势，部分抵消了技术进步和规模效率对全要素生产率的贡献。说明在政府严厉的碳减排规制下，生产要素的配置效率在不断优化，但管理方式仍然有待改善。三是资本与劳动是替代关系，资本与能源、资本与环境关系随着政府环境规制的变化呈现阶段性特征，同时，省际资本与能源、资本与环境生产要素替代关系呈现组群特征。依据要素间替代弹性的大小可以划分为组群 I （替代性组）、组群 III （互补性组）和介于二者之间的组群 II 三类。这表明我国的节能减排规制需要在省际实施分类优化措施，根据区域要素禀赋，因地制宜地实行政策工具安排和减排任务细化。四是发现技术进步方向在 2010 年之前引起要素边际产出增长率的依次顺序是资本、劳动、能源和环境；2010 年之后，生产技术进步引起的各要素边际产出增长率次序变化为环境、资本、劳动和能源。环境投入要素的边际产出率得到极大提高，与资本、劳动和能源相比，技术进步明显偏向于环境。这说明生产技术进步对环境投入的偏好受政策影响效果明显，我国强制性碳减排规制政策实施后，技术进步偏向环境投入程度高于能源。省际技术进步偏向也呈现出组群特征，组群Ⅰ省份技术进步偏向表现为偏向资本、劳动、能源和环境的路径次序，组群Ⅱ省份技术进步偏向为能源、环境、资本和劳动路径次序，组群Ⅲ的技术进步偏向为环境、资本、劳动和能源。生产技术进步倾向于使用能源与环境，不利于碳减排与环境保护；优先使用劳动和资本才是中国节能减排、保护环境和低碳可持续发展的长久之路。

综上所述，区域技术进步偏向是技术进步与本地要素禀赋的组合，为了保障区域实现可持续低碳发展，应通过方向性的指令政策（如能源约束政策、减排政策等）对区域技术进步与要素禀赋组合进行引导。因此，后续政策的出台应根据省际技术进步偏向的特点进行优化，政府可以充分利用劳动与能源、环境之间的替代效应，在节能减排、保护环境和促进就业方面做到统筹优化。技术进步存在一定的路径依赖，其路径决定区域的产业机构转型升级路径选择。雾霾天气与生态环境污染问题很大程度上是因为技术进步路径依赖于价格低廉的能源。因此，摆脱技术进步过程中对环境和能源的依赖尤为重要。通过市场化政策工具创新，发挥市场机制对资源的优化配置作用，提升能源与环境的使用成本，通过价格信号的变化引致企业和居民在生产和消费过程中自主转型，优化技术进步方向。在政策选项方面，能源税、碳税（环境税）在一定程度上有助于提升能源与环境使用成本，有助于生产方式和生活方式的改善，进而优化技术进步方向。政府应发挥引导作用，使企业和居民优化对能源和环境的使用偏好。

第六章　中国特色碳减排制度
创新的政策建议

中国特色碳减排制度创新是破解碳锁定、减少碳排放、应对气候变化、彰显社会主义制度优越性的自我完善。碳锁定是技术与制度的综合，制度系统和技术系统又是互动互促的关系。中国特色碳减排制度创新不仅是制度安排还是将绿色低碳发展理念由认知层面向制度、产业和技术层面演进，通过规则内涵的改变作用于组织场域制度逻辑进而优化制度环境；中国特色碳减排制度创新核心是通过制度和体制的变革引导低碳技术进步。

第一节　中国特色碳减排制度创新的基本要求

一、中国特色碳减排制度创新的原则

在前文的分析可知，中国特色碳减排制度变迁受组织场域制度逻辑的制约，是多种制度综合作用的结果。中国特色碳减排制度创新不仅仅是某项制度的安排或者嵌入，还应从系统性、整体性、强制性和诱导型相结合视角出发，遵循系统治理、综合治理和依法治理的原则，体现由认知层面向制度层面、经济层面和产业层面的演进与协同。

（1）系统性，在应对气候变化的国家大背景下，绿色低碳发展理念必然要由非正式制度向正式制度演进，由认知层面向制度层面和生产力领域延伸。碳减排制度创新不是孤立的，碳减排制度必须融入生产、流通和消费等各个环节。碳减排制度建设对既有的生产、流通和消费等各个环节的制度进行必要的完善与修正，同时，碳减排制度建设的顺利推进离不开社会经济活动各环节建设体制机制的转变。碳减排制度建设必须能够推动生产、流通和消费等各个环节的健康发展，同时，整个社会系统的绿色低碳运转也需要生产、流通和消费

等各个环节的制度做出相应的调整，构建起适合新时代特点和规律的碳减排制度体系。在生产领域，建立绿色低碳发展综合决策机制；在流通领域，建立低碳流通的考核和监督机制；在交换领域，建立绿色低碳标识宣传机制；在消费领域，建立绿色低碳消费全民参与机制。

（2）协同性，即政府、产业、社会公众三个主体的协同行动。党的十九大报告明确，引导应对气候变化国际合作，成为全球生态文明建设的重要参与者、贡献者、引领者。同时，提出要加快建立绿色生产和消费的法律制度和政策导向，建立健全绿色低碳循环发展的经济体系。其中，绿色发展针对环境危机，低碳发展针对气候危机，循环发展针对资源危机。绿色低碳循环发展，是指以促进生态修复、环境改善为前提的发展模式、发展方式和发展机制，低碳发展是指以二氧化碳为主的温室气体的减排为基本特征的发展模式、发展方式和发展机制，循环发展是指以各种资源的减量化、再使用、再循环为基本特征的发展模式、发展方式和发展机制（沈满洪，2015）。除此之外，党的十九大报告还指出要推进能源生产和消费革命，构建清洁低碳、安全高效的能源体系；倡导简约适度、绿色低碳的生活方式，反对奢侈浪费和不合理消费，开展创建节约型机关、绿色家庭、绿色学校、绿色社区和绿色出行等行动，构建政府为主导、企业为主体、社会组织和公众共同参与的环境治理体系；积极参与全球环境治理，落实减排承诺。

（3）导向性，中国已经签署了《巴黎协定》，要在 2030 年之前实现碳排放峰值，这意味着届时中国碳排放进入绝对量减排国家行列。2030 年之后能源消费增长需求只有两个途径：一是全部由可再生能源满足经济发展对能源的增量需求；二是煤炭消费的绝对量下降，由天然气来替代煤炭，且煤炭的下降量要大于天然气，由天然气和可再生能源共同满足能源消费需求增长。而在这两个方面，我国的低碳技术都还有待突破。只有市场能给予最好的定价，才能够促进低碳技术进步。党的十八届三中全会明确提出全面深化经济体制改革的核心问题是"处理好政府和市场的关系，使市场在资源配置中起决定性作用和更好发挥政府作用"，碳排放权交易制度的功能就是利用是市场对低碳技术与碳减排进行市场化配置；更好发挥政府作用，需要政府在能源产业的行政垄断、自然垄断方面更好发挥作用。党的十九大报告进一步指出，构建市场导向的绿色技术创新体系，发展绿色金融，壮大节能环保产业、清洁生产产业、清洁能源产业。这为能源市场化制度建设发挥市场导向技术进步提供了基础。

二、中国特色碳减排制度创新的目标

一般而言，碳减排制度创新目标是控制二氧化碳排放而不是零排放，在低碳发展过程中，彻底消除二氧化碳排放是无法做到的，原因如下。

（1）二氧化碳排放是普遍存在的，无论是在生产过程中，还是在消费过程中，都不可避免地会产生碳排放，如要求不排放，则等于要求人类不进行生产和消费。

（2）减少二氧化碳排放的技术是有限的。这种有限性表现在，一是有许多新能源、低碳技术人类尚未掌握，且发展中国家的低碳技术本身就不发达；二是有些低碳技术（如碳捕捉技术）会导致二次排放。

（3）减少二氧化碳排放，除了考虑技术上的可行性之外，还要考虑经济上的可行性。假如一项低碳技术的成本超过了排放造成的损失，人们就有理由从经济效益角度来反对采用该技术。

（4）零排放既不可能也不必要。大气环境具备容纳和消解一定量二氧化碳的能力，之所以要碳减排，是由于发达国家早期粗放的发展方式导致大气环境中二氧化碳超过自身的容纳和消解能力。中国特色碳减排的制度创新目标是破解碳锁定、实现绿色低碳发展，彰显社会主义制度的优越性。

三、中国特色碳减排制度创新的途径

碳减排是一场涉及发展方式、生活方式、价值观念、能源安全和国家权益的全球性革命。在当前国际经济高度一体化的大背景下，对于一个国家而言，碳减排的制度创新途径可能只有两条，一是自主制度创新，二是制度移植。自主制度创新自不必说，中国特色社会主义制度本身就是自主创新的成果，中国的节能减排制度既是一项自主创新制度也是一项适合中国国情的制度（蔡守秋，2012），所谓制度移植就是制度（或规则）从一个国家或地区向另一个国家或地区的推广或引入（卢现祥和朱巧玲，2004）。制度移植在发展中国家的制度创新中占有相当大的比重。碳减排提供的是一项全球公共产品，制度创新具有全球性，例如，碳税、碳交易市场机制等市场化碳减排政策工具已经在多个国家采用。同时，碳减排需要求全球各国共同应对。因此，与国际接轨，进行制度移植也是中国特色碳减排制度创新的一个必然选择。制度移植可以节约制度创新的成本，但是现在国外理论界有一种观点，发展中国家从发达国家移植的制度除了少数有效以外，大多是低效的。低效问题可以分为两种情况，一是有些移植制度的效率相对于发达国家来讲效率是低效的，二是移植的制度相对发展中国家原来的制度来讲是低效的；出现这种现象的主要原因在于制度环境与制度安排的矛盾，而发展中国家偏向于移植具体制度安排而不改变制度环境（柳新元，2002）。这里，制度环境是"一系列用来建立生产、交换与分配基础的基本的政治、社会和法律基础规则（Davis and North，1971）"。制度环境属于基础性制度安排，一般不易被改变，它决定、影响其他的制度安排。制度安排可能是正规的，也可能是非正规的，它可能是暂时性的，也可能是长久的。一般情况下，制度仅指制度环境和制度安排。相对于中国特色碳减排的规制而言，中国特色社会主义制度就是其制度环境。中国特色社会主义制度包括根本制度、基本制度、重要制度三个重要层次和在此基础上的经济体制、政治体制、文化体制、社会体制、生态文明体制等事关国家治理各个方面的重要制度。制度环境决定着制度安排的性质、范围、进程等，但是制度安排也反作用于制度环境。因此，中国特色碳减排的制度创新不仅要有新的制度安排，同时，还要有制度环境的改善。

第二节　政策建议

一、加强制度建设，优化碳减排制度环境，提高制度适应性效率

制度是一个社会的博弈规则，制度设计的目的本身就是对人们行为的约束。在碳排放的物质要素中，高碳能源的供给者和消费者因为市场失灵，没有环境成本的约束，获得的私人收益高于社会收益，而社会承受了发展的环境成本。如果没有外在制度的约束，则不可能将高碳能源的外部性内部化。为此，加强基础制度建设，优化碳减排制度环境，包括碳减排相关的法律制度、能源产业产权制度、能源产业组织结构等，都是实现碳减排制度配置效率的制度环境。

（一）健全碳减排相关法律制度

碳减排相关的法律制度创新，是指建立健全规制碳排放的法律法规制度体系，在法制制度层面将碳排放的目标纳入法律强制性规范范畴。我国对碳排放具有约束性的法律有《中华人民共和国大气污染防治法实施细则》《节约能源法》

《中华人民共和国大气污染防治法》《可再生能源法》《清洁生产促进法》《循环经济促进法》《中华人民共和国环境保护法》等。这一系列法法规虽然可以在一定程度上间接地起到减少排放应对气候变化并推动绿色低碳发展，但是也存在不足。一是这些有关控制碳排放的法律多以间接方式控制碳排放的增量，且呈现"碎片化""软法"特征，缺少对二氧化碳排放的直接规制的系统化法律，缺少"硬法"。二是应对气候变化，绿色低碳技术创新和转让最为关键，但与国际上其他国家相比，国内法律直接关于低碳、碳减排的规定基本上是空白，有关绿色低碳的规定只是体现在若干政策性文件之中。说明减少碳排放应对气候变化制度建设层次还较低，强制力不足。当前，加强碳减排法律制度创新，一是要完善相关法律，为中国碳减排交易市场搭建法律平台，建立健全有利于减缓温室气体排放的碳减排规制体系；二是对中国特色社会主义基本经济制度下的国有经济的碳减排做出规定，应尽快制定《国有企业碳减排指导意见》《加快推进合同能源管理促进自愿减排协议》等法律法规；三是抓紧完善已有法律的相关配套法规和标准。通过法律法规的强制性作用，推动政府、企业、社会公众的协同减排行为。

（二）优化能源企业所有制结构与市场调节

我国政府对能源领域的规制的理论基础是能源的国家所有制。能源作为国家重要的自然资源，属于国家所有，对内体现国家所有权，对外体现国家主权。在市场化的进程中，我国的电网电力、石油石化与煤炭产业，属于国有经济应对关系国家安全和国民经济命脉的重要行业和关键领域保持绝对控制力的7大行业范畴。我国能源产业国有制和市场协调是典型的弱联系。我国碳强度2012~2017年迅速下降，就是因为我国政府主导的供给侧改革下的主动去产能行为。在国有制的垄断经营下，我国能源产业的技术进步偏向于高碳能源，与生态文明建设和应对气候变化的大背景背道而驰。党的十八届三中全会已经明确，经济体制改革是全面深化改革的重点。使市场在资源配置中起决定性作用和更好发挥政府作用。在能源领域，要使市场在资源中起决定性作用，首先需要更好发挥政府作用，加大能源经济体制改革。就能源市场而言，发达国家绝大多数已经放弃了以往高度垄断经营的能源生产和管理体制，而将市场化作为维护能源安全的重要手段。当前，能源行业混合所有制改革已经在全国开始推进，2019年，中央企业混改比例达到70%，2018年中央企业所有者权益19.9万亿元中社会资本占7.2万亿元，非公有资本积极投资电力、石油、天然气、铁路、民航、电信、军工等领域（李梦奇，2020）。这里需要说明的是，混合所有制改革不能为"混"而"混"，"引资本"不是终点，而是"改机制"的起点。"引资促混"只是开始，"以混促改"才是关键。混合所有制通过国有资本与非国有资本在微观企业层面的融合，在微观运行中引入市场机制，运用经济和法律手段去引导、调节和规范微观经济主体的碳减排行为，强化应对气候变化意识与制度建设。市场和政府在资源环境保护和生态环境建设中的作用有所不同。碳排放市场交易机制并不排斥政府调控的作用，而是内在需要在宏观运行中对碳排放权资源配置由政府进行计划配置。

（三）规范能源产业市场准入制度，构建多元产业体系，优化能源结构

对于传统的高碳能源产业，要完善鼓励引导民间投资健康发展的配套措施和实施细则。煤炭行业应进一步规范市场准入制度，提高准入门槛，坚持"优进劣退""大进小退"的原则，加快推进煤矿企业的兼并重组，提高企业的市场集中度。

在绿色低碳发展理念下，可再生能源是中国调整能源结构的主攻方向。近年来，各类可再生能源电价不断接近燃煤标杆电价，但是，我国财政补政策依旧，以致补贴缺口越来越大。据中国光伏行业协会统计数据，仅 2018 年，我国可再生能源补贴缺口超过 1400 亿元，其中光伏行业缺口超过 600 亿元。[①] 这一方面说明我国可再生能源发展迅速，另一方面也说明可再生能源发电支持政策需要由财政支持向市场支持转变。可再生能源具有分散性、间歇性等特点，可借助大功率储能技术，将可再生能源的市场突破口与"美丽乡村"建设和"新型城镇化"等我国现在推行的重大工程相结合，将这一部分市场设定为可再生能源与传统能源的竞争领域。

我国页岩气资源丰富，页岩气的勘探开采、进口权、生产加工、销售环节需要逐步放开，通过规范行业监督管理，引进符合资质的不同所有制企业进入，进一步提升页岩气行业的技术水平。对天然气（页岩气）管网、电力输电网等自然垄断环节，完善监管制度，并建立起公益性目标的成本公平分担机制。电力行业中的配电环节虽然是自然垄断环节，但同时也是促进配电侧竞争，需求侧能源互联网与多能互补，微网＋区域电网的模式推动可再生能源发展，促进能源系统低碳转型。

---

① 财政部预算 2019 年可再生能源补贴支出 866 亿元 ［EB/OL］. 智汇光伏，http：//www. china-epc. org/zixun/2019 – 10 – 08/36204. html.

　　另外，各地区要因地制宜开发太阳能、风能、地热能和生物能，继续加大可控核聚变技术研发，储备核能核电利用技术，逐步构建现代多元能源体系，优化能源结构、保障能源安全。

（四）强化高能耗、高排放企业社会责任，引领绿色低碳发展

　　当前，在应对气候变化的大背景下，企业是碳排放主体，也应是碳减排的主体，有着不同于政府和民众的社会责任。在应对气候变化的大背景下，企业在追求利润的同时必须向绿色低碳发展方向转变，提高能源使用效率，减少二氧化碳等温室气体的排放。由于能源产业是属于关系国家安全和国民经济命脉的重要行业，在经济社会发展过程当中，国有能源企业的社会责任与一般的企业不同，它理应成为绿色低碳经济发展的领路人，引领绿色低碳经济发展。在应对气候变化的大背景以及国内资源紧缺、环境恶化、低碳发展大趋势下，国有企业应利用其在资金、技术、人才、政策等方面的优势，自愿减排，主动实施低碳战略，为外资和民营等企业树立示范、榜样。为此，必须强化国有企业的社会责任。强化国有企业的社会责任，实质是发挥社会主义制度在环境治理方面优越性的表现，为此，就必须用超越市场机制的标准，在可能的情况下，国有企业可将负外部性因素内部化，通过制度上的安排，发挥国有企业在政策、人才、资金和技术上的优势，引领绿色低碳发展。国有企业引领绿色低碳发展还可表现在对于环保中小型企业予以技术、资金等方面的支持，扶持分散型中小企业，提高专业化程度，推动绿色低碳经济发展。

二、完善政策工具，发挥市场导向功能，推动低碳技术进步

（一）完善碳交易市场制度建设，发挥市场导向功能

　　我国全国统一碳减排交易市场虽然已经建立，但是，仍然有许多基础性的工作需要加强。

　　（1）真实而完备的碳排放数据是交易先决条件，这就要求企业进行碳核算并对外披露碳信息，包括碳排放是市场交易重点企业所报送的碳排放数据的具有真实性、完整性和可比性；碳排放数据的报告与核查、行业温室气体排放核算报告标准及技术规范提供参考、核查机构定期考核；加强碳市场的监管机制及相关配套机制建设等。碳交易市场有效运行依赖于严格规范碳交易的信息披露制度，碳市场的公开、公平和公正需要加大碳交易的法律规范和标准的建设；有效的监管是保障既有制度能够有效运作重要条件。

（2）丰富我国碳交易市场交易品种，扩大市场交易主体。我国全国碳市场建设初期的交易产品主要以碳配额交易为主，交易产品较为单一，应当有序纳入"核证自愿减排量（CCER）"和碳交易的其他金融衍生产品，丰富碳市场的交易产品种类，增加控排企业的选择集，例如，发展碳远期、碳掉期、碳期权、碳租赁、碳债券、碳资产证券化和碳基金等碳金融产品和衍生工具，逐步探索开展碳排放权期货交易。按照《全国碳排放权交易市场建设方案（发电行业）》的部署，我国碳交易市场主体主要是火电行业，前文已经分析，按照物质守恒定律，火电行业的碳减排唯一手段只能是节能增效。当前，我国火电行业的供电煤耗和净效率已达到世界先进水平，脱硫除尘绩效明显，碳减排的空间有限。根据中电联的估算，在全国碳市场建设初期覆盖的 30 亿吨 二氧化碳中，如果仅靠火电技术减排，可以挖掘的潜力只有约 5 亿吨（何建坤，2019）。

（3）加强碳排放权交易政策与其他节能政策之间的协调，发挥绿色低碳技术市场导向功能。我国发展碳排放交易市场重要功能就是对低碳能源的优化配置。但是，由于目前电网的自然垄断和行政垄断存在，以及可再生能源的间歇性、分布性特点，使得可再生能源的消纳是一个问题。例如，2019 年，全国弃风弃光电达到 214.6 亿千瓦时，相当于天津市 2018 年电力消费的 1/4 和海南省 2018 年电力消费的 65.6%。由于可再生能源的消纳问题的存在，2019年全国新增光伏发电装机 3011 万千瓦，同比下降 31.6%，其中集中式光伏新增装机 1791 万千瓦，同比减少 22.9%。为此，对电力电网的体制改革已经迫在眉睫。因此，建议全国碳市场的建设应统筹发电端和用电端，同时还应关注终端用电需求减排，尤其是化工、钢铁、石化等高耗能行业。这些行业不仅自身减排潜力大，而且引入碳交易后可以上下游联动提升整体的减排效率，实现更好的减碳效果（王科和刘永艳，2020）。

（二）调整碳减排补贴，引导绿色低碳技术与制度的协同创新

补贴是政府用以实现政治、经济、社会和环境目标的众多政策工具中的一种。能源补贴一直是世界各国政府为了推动经济发展、促进科技进步和保障社会稳定的一种重要手段，长期以来，大量财政资金投入于能源补贴领域。据全球补贴倡议（The Global Subsidies Initiative，GSI）统计，世界各国每年的能源补贴数额达到 5000 亿美元，占全球 GDP 的 1%。当前我国清洁能源、低碳技术以及碳捕捉技术的开发尚处于初级阶段，技术尚未成熟，研发投入较大。在市场经济竞争中由于成本较高，尚处于劣势，但这些产品、技术符合低碳经济

发展，对人类总体福利有利。支持清洁能源发展的政策有多种，如直接的投资补贴或优惠、税收优惠或免除、税收激励和减免、绿色证书交易、低息贷款和信贷担保、直接公共投资或融资、实施污染者付费制度和建立风险投资基金等。清洁低碳的新能源也是中国调整能源结构的主攻方向，加大财政在碳减排补贴制度方面是我国碳减排制度多样化的一个必然选择。

如何利用有限的财政资金补贴有效扶持新能源产业的发展，则应考虑产业链不同环节实施补贴效果差异，以确保新能源补贴政策执行效果最优。例如，新能源车一直是国家财政补贴的重要对象。新能源汽车包括纯电动汽车、混合动力汽车、燃料电池电动汽车、氢燃料动力汽车等。新能源车的补贴政策学习西方发达国家低碳发展经验，但是，没有考虑到我国的能源结构的现实国情。发达国家发展新能源车的基础是能源结构已经实现低碳化，使用电能的碳排放要比燃油的碳排放小，而我国电力的中火电的占比 2018 年为 70.4%。新能源车虽然不燃油，但是其电力是来源于煤炭，这相当于放弃了汽油而采用了煤炭。唐葆君和马也（2016）在对"十三五"北京市新能源汽车节能减排潜力估算时，得出北京市现行推广的电动出租车、公交车、环卫车和租赁电动车具有较好的节能减排效果，是在北京能源结构（煤电仅占 13.5%、气电占到55.6%，其他可再生能源如水电、风电、光伏等占到 30.9%）已经实现低碳化下得出的结论，并且 也指出了电动车碳排放受地区能源结构对影响。因此，需要优化补贴政策。补贴政策的制定实施要考虑激励新能源企业产业链协同创新，补贴政策实施应侧重对有自主研发能力企业的扶持，推动中小企业的产业整合及与科研机构合作，建立产业链中的有效联动；当前的补贴政策还应该进一步细化，如加大对拥有自主知识产权企业的生产补贴而不是以往的普惠消费补贴；此外，补贴发放过程和结果需要监督，要对恶意骗补追究刑事责任（高新伟和闫昊本，2018）。

（三）积极筹划开征碳税，倒逼绿色低碳技术进步

碳税通过确定单位二氧化碳排放的价格，以税收压力来促使排放主体主动实施自我减排。碳税征收对象对燃煤和石油下游汽油、航空燃油、天然气等化石燃料产品，按其碳含量的比例征税进而实现碳减排。碳税和碳交易机制之间最大的差别在于只需要额外增加非常少的管理成本就可以实现。这里有一个问题，既然中国已经有了碳交易市场制度，为什么还需要碳税呢？这里有三个方面原因。一是交易成本的原因，碳交易市场适合碳排放量较大的企业参与，例如，生态环境部《关于做好 2019 年度碳排放报告与核查及发电行业重点排放

单位名单报送相关工作的通知》中就规定 2013～2019 年任一年温室气体排放量达 2.6 万吨二氧化碳当量（综合能源消费量约 1 万吨标准煤）及以上的电力行业等 8 个行业的企业，需要开展 2019 年度碳排放数据报告与核查及排放监测计划制定工作。① 那么，对于年温室气体排放量低于 2.6 万吨二氧化碳当量是否就不需要进行碳减排了呢？这里，碳税操作成本较低，能够使二氧化碳减排成本更加公平地分摊到各类排放者身上，实施起来也更便捷。二是在前文的实证考察中，对中国省际技术进步方向进行了分类划分，群组 III 是需要政府政策长期干预的省份，这些省份实施碳税效果会更好；另外，中小企业能源消费量小也较分散，与可再生能源分布式特点接近，在大容量储能电池的支持下，可以利用碳税倒逼中小企业开发利用可再生能源，为可再生能源拓展市场。三是碳税还可以增加财政收入，为增加减排节能技术和新能源研发的投入提供稳定的资金来源；同时，碳税还能起到引导作用，重塑人们的消费行为，倡导低碳新生活。因此，从长远考虑，应及早规划，以便择时开征。碳税的开征可以倒逼企业采用清洁能源、提高能效。同时为配合碳税征收，启动绿色信贷、绿色税收等相关配套措施也成为必要，逐步形成和完善中国特色碳减排制度的市场化政策工具体系。

三、强化政府的主导能力，促进组织场域碳减排主体的协同

政府作为国家的实际管理者，是碳减排活动主导者，政府主导制度供给、执行和考核和修正。在碳减排制度的实施中，既要求政府完善碳减排制度决策机制、实现碳减排制度的科学化和民主化，又要求完善节能减排考核问责机制、实现减排制度执行主体间的协同和完善碳减排相关制度的衔接、实现碳减排规制间协同效应。

（一）完善决策机制，实现碳减排制度民主化、科学化

大气环境属于典型的公共物品。按照公共物品理论，公共物品的非竞争性非排他性和效用的共享性，使其不可避免地带来机会主义者搭便车的行为。外部性意味着人们在享受大气环境利益的同时，大气环境治理成本的费均等化；意味着大气环境利益共享与大气环境治理成本之间的不一致或偏离。作为公共

① 生态环境部．中国应对气候变化的政策与行动——2018 年度报告［R/OR］．http：//www.mee.gov.cn/ywgz/ydqhbh/qhbhlf/index_1.shtml.

产品的大气环境资源由于产权难以界定，容易出现公地悲剧，致使大气环境资源的数量和质量急剧下降。政府的第一本质属性是公共性，政府为公民提供公共产品是政府不可推卸的责任和义务。制度制定的过程需要科学和民主，科学的作用在于可行、风险小，民主的作用在规则的认同。我国 2017 年推行"煤改气""煤改电"，政策的本意是好的，问题在于没有考虑到气源不稳定的风险。2019 年《关于解决"煤改气""煤改电"等清洁供暖推进过程中有关问题的通知》无疑是对"煤改气"政策进行拨乱反正。这说明政策制定中科学的重要性。规制认同即政策子系统所追求的有利于本群体利益的价值或利益偏好，不同组织场域主体的规制认同不同，其制度逻辑所追求的政策目标便有所区别，至少其利益诉求不同，不同的利益诉求导致制度逻辑目标在统一上出现困难，制度逻辑目标出现不一致或分裂，其最终结果就是政策分裂，使整个政策系统不能实现整体最优的结果。在碳减排规制的创新中，碳减排规制不可能是一两项政策，而必然是一系列相关政策的组合，这一系列政策的价值取向必须具有一致性，或至少不相互抵消彼此政策绩效。这就要求政府内部部门在政策出台之前，政府政策制定的相关部门首先必须将各组织场域的制度逻辑取向进行协调引导，不能仅仅为了维护本部门的私利而各自为政。碳减排规制的认同不仅可以降低政策执行的成本，还可以减少政策共同体成员"搭便车"的行为。政府作为碳减排规制的主导者，可通过提供潜在的利益，比如对维护生态环境平衡的产业给予财政补贴、新能源、新技术的开发利用在税收方面优惠制度等，吸引不同主体对碳减排规制的认同。

（二）优化科层制政绩考核机制，促进组织场域间的碳减排协作

2014 年，我国把二氧化碳排放强度降低指标完成情况纳入各地区（行业）经济社会发展综合评价体系和干部政绩考核体系，总体上取得了很好的减排绩效。但是，地区间的差异依然较大，尤其是传统煤炭资源外调省份，短期内产业转型升级难度较大。我国多数资源型城市煤炭资源开发与经济增长存在"有条件资源诅咒"效应，煤炭资源的开发存在从"资源祝福"向"资源诅咒"有条件的转化过程，煤炭资源优势并未显著地转化为经济优势，煤炭城市普遍陷入经济发展缓慢、环境污染严重等困境。原因主要是对煤炭产业的过度依赖会导致粗放型经济增长的锁定，会引起主导产业单一、投资环境差、创新引领作用不足等一系列问题（张丽和盖国凤，2020）。"中国的煤炭在山西，山西的煤炭在大同。"以山西为代表的煤炭资源丰富省份为全国经济发展做出了巨大贡献，但是也不同程度地进入地区产业锁定。这种由于组织场域外部环

境带来的碳减排因素应该在政绩考核指标体系中有所体现，而且权重的效应不应该在供给侧而应该在需求侧。因为只有能源短缺省份的煤炭需求降低，才可能降低煤炭的生产。因此，能源转型、绿色低碳发展应该率先由经济发达、技术先进的能源短缺省份开始，它们有技术、有人才、没有技术锁定。因此，地方碳减排考核指标应该有所差异。发达地区、能源短缺省份应该率先实现能源结构低碳化、多元化，省际能源合作要增加可再生能源比重。此外，地方政府要从政绩考核向民意考核转变。要实现这种转变，可通过机制设计将地方政府在环境监管过程中进行信息和决策公开化，让社会公众充分了解环境信息和制度决策的过程；与此同时，还要赋予社会公众享有充分的话语权和监督权。最后，要进一步优化我国的财税体制，让地方政府在承担事权的同时具有相应的财权，实现地方政府在事权和财权相匹配。

（三）加强制度体系建设，实现碳减排规制协同

协同论认为，协同是一个由大量子系统以复杂的方式相互作用所构成的复合系统，大量子系统的协同作用使系统整体出现各子系统所没有的系统属性和功能，部分在整体中的协同作用能够产生新的能量。在整个社会制度体系中，各个制度系统间存在着相互影响而又相互合作的关系。不同制度体系间的相互配合与协作，关系的协调、相互竞争以及系统中的相互干扰和制约等，对碳减排绩效的发挥具有较大的影响。碳减排作为一项复杂的社会系统工程，其不仅涉及政治决策体制、政府绩效考评机制，还涉及政府的公共政策财政、税收、金融等系列制度的相互协调。通过加强制度体系的建设，可实现制度协同，实现 "$1+1>2$" 的效应，从而提高碳减排制度的整体绩效。

一是碳减排规制目标需要公共舆论的融合。公共舆论是信息的传播和交流媒介，舆论的导向作用有助于碳减排规制的认同。出于对碳减排规制的认同，社会公众会选择更低碳的生活消费模式和价值理念。公共舆论应承担绿色低碳发展的引导职能，融入各行各业。二是金融制度与碳减排制度要协同。碳减排的核心是绿色低碳技术，绿色低碳技术创新需要金融制度的支持和资金的投入，否则低碳技术创新便无从谈起。金融支持碳减排一方面需要加大"绿色金融""碳金融"等低碳金融工具的创新力度，大力促进碳交易市场建立；另一方面也需要通过多手段、多渠道、多方式为实体经济发展提供多元化资金融通，在碳减排技术、设备、新材料、新能源等方面给予支持。

四、完善社会公众参与机制，构建碳减排社会基础

在经济生产活动中，碳排放主要由能源消费在生产、分配、流通和消费等一系列环节所产生。减少碳排放同样也是一项复杂的社会系统工程，需要形成一个社会全体成员共同参与和自觉实施的机制。社会公众参与机制除了政策决策的参与，更多是碳减排活动的参与。

（一）建立健全碳信息披露制度，实现低碳信息共享

市场经济也是信息经济，市场主体行为反应必须依赖于可靠的信息。运用市场化政策工具，碳信息披露作为一项制度机制就必不可少。当前碳排放数据的获取还比较困难，主要通过两个途径：一是国外途径包括《BP 世界能源统计年鉴》、世界资源研究所（WRI）、国际能源署（IEA）、美国能源信息署（EIA）、美国橡树岭国家实验室二氧化碳信息分析中心（CDICA）；二是国内学者基于研究需要进行的测算获得的数据。由此可知，我国碳排放数据信息的受众群体很小，主要是学术界和相关部门机构，省级以下部门基本上是被动接受碳减排信息。碳排放信息缺乏，行为主体的决策就无依据。为此，需要政府建立健全碳信息披露制度和信息披露平台。

（二）加大生态环境意识教育，践行绿色低碳发展理念

意识形态教育是马克思主义理论的重要内容，也是中国共产党的工作优势和基本方法。长期以来，由于生态环境不是我国社会的主要矛盾，生态环境在意识形态教育中并未受到高度重视。随着人民对美好生活的需要尤其是美好生态环境的需要的凸显，党的十八大报告把生态文明建设纳入中国特色社会主义建设的总体布局，形成经济建设、政治建设、文化建设、社会建设、生态文明建设"五位一体"，并提出建设"美丽中国"。关于生态文明建设，习近平总书记发表了"保护生态环境就是保护生产力，改善生态环境就是发展生产力""经济发展不应是对资源和生态环境的竭泽而渔，生态环境保护也不应是舍弃经济发展的缘木求鱼""要控制能源消费总量，加强节能降耗，支持节能低碳产业和新能源、可再生能源发展，确保国家能源安全""绿水青山不仅是金山银山""中国坚持正确义利观，积极参与气候变化国际合作"等一系列讲话。2017 年 5 月 26 日《在十八届中央政治局第四十一次集体学习时的讲话》中指出，生态文明建设同每个人息息相关，每个人都应该做践行者、推动者。要强

化公民环境意识，通过倡导绿色低碳消费、推广绿色低碳出行、推动形成绿色低碳的生活方式和消费模式等，并要求加强生态文明宣传教育等内容纳入国民教育和培训体系。

（三）搭建社会公众参与平台，优化碳减排治理的机制

诺贝尔经济学奖获得者奥斯特罗姆是公共经济治理方面的专家。她曾被问到她的"自主治理理论"能否被用于应对气候变化，奥斯特罗姆回答："我们有关于湖泊、草原、渔业和各种温和资源的应用框架尚未被用于气候变化，但应该是可以的。"气候变化外部性影响一个家庭、一个社区、一个地区，一个城市，或者其他单位。越来越多的人认识到这个问题，并采取各种行动、用各种方式减少温室气体，那么一千个城市完全不同于一个城市（奥斯特罗姆，2015）。全球共同采取行动，累积效应将减少温室气体排放。奥斯特罗姆认为，关于全球气候这个最大的公共资源的未来，其超越市场失灵和政府管制路径在于集体行动。奥斯特罗姆的自主治理理论告诉我们，需要为社会公众搭建从小范围做起、共同行动的平台来应对气候变化。中国共产党的基层党组织深入城市各个社区、农村各个村庄，应当主动宣传新时代党的生态文明建设精神，并带头号召社区成员、村社群众共建低碳社区、低碳村庄。我国碳减排的根本在于能源结构的改变，推动能源革命，不仅要成为政府、产业部门和企业的自觉行动，而且要成为全社会的自觉行动。在具备条件的社区和村庄，应当积极倡导发展可再生能源、利用可再生能源。

结　语

以往在能源资源禀赋的约束下，对煤炭等高碳化石能源的依赖，使得中国的发展一步步进入了碳锁定模式。为应对全球气候变化、实现可持续发展，中国的生态环境治理和应对气候变化需要转向综合治理、生态治理。

以习近平同志为核心的党中央正确把握社会主要矛盾的转化，把生态文明建设上升到总体布局的高度，将国内可持续发展和应对气候变化结合起来，统筹规划，在协调经济发展与环境保护关系上转向生态优先，治理模式由外部治理、末端治理转向生态治理、系统治理。发展理念的转变需要向制度层面、经济层面、技术层面转化。中国碳排放受技术进步等生产力发展的诸物质要素的限制，如何通过制度创新推动绿色技术进步仍然需要不断探索，当前，以碳达峰、碳中和为目标的绿色低碳发展仍然存在诸多难题。

一是在未来相当长的一段时间内，煤炭在一次能源结构中的主导地位难以改变。煤炭的清洁利用仍然存在关键技术突破和成本效益的限制。

二是太阳能、风能、生物能等可再生能源的发展替代仍然存在技术突破与市场突破等问题。而市场突破需要在市场化竞争中通过技术进步获得成本优势，还要打破能源行业壁垒。这不仅涉及储能关键技术的突破，还涉及电力体制改革问题和能源一体化问题。

三是碳达峰碳中和目标下产业结构转型升级问题。中国的工业化城镇化尚未结束，能源硬性需求潜力大。如何进行产业结构调整以适应绿色低碳发展，不仅涉及产业技术，还涉及地方利益的平衡和发展平衡。这是一个难题，需要统筹把握。

上述问题需要从碳减排制度创新与技术创新角度研究，本课题组将继续跟进研究。

参 考 文 献

［1］［美］埃莉诺·奥斯特罗姆. 公共资源的未来——超越市场失灵和政府管制［M］. 郭冠清，译. 北京：中国人民大学出版社，2015：47 - 48.

［2］蔡守秋. 论中国的节能减排制度［J］. 江苏大学学报（社会科学版），2012（5）：8 - 16.

［3］曹静. 走低碳发展之路：中国碳税政策的设计及 CGE 模型分析［J］. 金融研究，2009（12）：19 - 29.

［4］陈海嵩. 生态环境政党法治的生成及其规范化［J］. 法学，2019（5）：75 - 87.

［5］陈诗一，林伯强. 中国能源环境与气候变化经济学研究现状及展望——首届中国能源环境与气候变化经济学者论坛综述［J］. 经济研究，2019（7）：203 - 208.

［6］陈诗一. 边际减排成本与中国环境税改革［J］，中国社会科学，2011（3）：85 - 100.

［7］陈诗一. 经济转型中的结构调整、能源强度降低与二氧化碳减排：全国及上海的比较分析［J］. 上海经济研究，2011（4）：10 - 23.

［8］陈诗一. 中国各地区低碳经济转型进程评估［J］. 经济研究，2012（8）：32 - 44.

［9］陈诗一. 能源消耗、二氧化碳排放与中国工业的可持续发展［J］. 经济研究，2009（4）：41 - 55.

［10］陈晓玲，连玉君. 资本 - 劳动替代弹性与地区经济增长——德拉格兰德维尔假说的检验［J］. 经济学（季刊），2012（10）：93 - 118.

［11］陈学明. 布什政府强烈阻挠《京都议定书》的实施说明了什么——评福斯特对生态危机根源的揭示［J］. 马克思主义研究，2010（2）：88 - 97.

［12］程晖. 北京碳排放权交易市场为何居于全国前列：定位准创新多［N］. 中国经济导报，2019 - 1 - 24（6）.

［13］程时雄，柳剑平，龚兆鋆. 中国工业行业节能减排经济增长效应的测度及影响因素分析［J］. 世界经济，2016（3）：166 - 192.

[14] [澳] 达摩西·J. 寇里，普拉萨达·饶，克里斯多佛·J. 奥东奈尔，乔治·E. 巴弟斯. 效率与生产率分析导论 [M]. 刘大成，译. 北京：清华大学出版社，2009：143，178-194.

[15] [美] 丹尼尔·W. 布罗姆利. 经济利益与经济制度 [M]. 陈郁，郭宇峰，汪春，译. 上海：上海三联书店、上海人民出版社，1996：5，55.

[16] [美] 道格拉斯·C. 诺思. 新制度经济学及其发展 [J]. 路平，何玮，编译. 经济社会体制比较，2002 (9)：5-10.

[17] [美] 道格拉斯·C. 诺思. 经济史上的结构和变革 [M]. 厉以平，译. 北京：商务印书馆，2013：57，71，225-227.

[18] [美] 道格拉斯·C. 诺思. 理解经济变迁过程 [M]. 钟正生，刑华等，译. 北京：中国人民大学出版社，2008：152.

[19] [美] 道格拉斯·C. 诺思. 制度、制度变迁与经济绩效 [M]. 杭行，译. 韦森，译审. 上海：格致出版社、上海三联书店、上海人民出版社，2011：6，9，18，27，128.

[20] [美] 德内拉·梅多斯，乔根·兰德斯，丹尼斯·梅多斯. 增长的极限 [M]. 李涛，王智勇，译. 北京：机械工业出版社，2013.

[21] 邓宏图. 转轨期中国制度变迁的演进论解释——以民营经济的演化过程为例 [J]. 中国社会科学，2004 (5)：130-140，208.

[22] 邓明. 人口年龄结构与中国省际技术进步方向 [J]. 经济研究，2014 (3)：130-143.

[23] 翟桂萍，罗嗣威. 中国新型政党制度的治理意蕴 [J]. 理论与改革，2020 (1)：120-128.

[24] 刁伟涛. 我国省级地方政府间举债竞争的空间关联性研究 [J]. 当代财经，2016 (7)：36-45.

[25] 董直庆，蔡啸，王林辉. 技能溢价：基于技术进步方向的解释 [J]. 中国社会科学，2014 (10)：22-40.

[26] 董直庆，焦翠红，王林辉. 技术进步偏向性跨国传递效应：模型演绎与经验证据 [J]. 中国工业经济，2016 (10)：74-91.

[27] 杜运周，尤树洋. 制度逻辑与制度多元性研究前沿探析与未来研究展望 [J]. 外国经济与管理，2013，35 (12)：2-10，30.

[28] 樊纲. 两种改革成本和两种改革方式 [J]. 经济研究，1993 (5)：1-13.

[29] 樊纲. 渐进式改革的政治经济学分析 [M]. 上海：上海远东出版

社，1996：16.

[30] 范柏乃. 政府绩效评估与管理 [M]. 上海：复旦大学出版社，2007：6.

[31] 高翔.《巴黎协定》与国际减缓气候变化模式的变迁 [J]. 气候变化研究进展，2016 (2)：84.

[32] 高新伟，闫昊本. 新能源产业补贴政策差异比较：R&D，生产补贴还是消费补贴 [J]. 中国人口·资源与环境，2018，28 (6)：30 -40.

[33] 高杨. 考虑成本效率的市场型碳减排政策工具与运行机制研究 [D]. 天津：天津大学，2014.

[34] [日] 宫本宪一. 环境经济学 [M]. 朴玉，译. 北京：生活·读书·新知三联书店，2004：245 -48，55 -56.

[35] 郭忠华. 新中国国家理论研究 70 年：回顾与展望 [J]. 政治学研究，2019 (6)：16 -26，125.

[36] 何建坤，周剑，刘滨等. 全球低碳经济潮流与中国的响应对策 [J]. 世界经济与政治，2010 (4)：18 -35，156.

[37] 何建坤. 中国碳市场要做到三个统筹 [J]. 能源评论，2019 (1)：36 -39.

[38] 何茂斌. 环境问题的制度根源与对策——一种新制度学的分析思路 [J]. 环境资源法论丛，2003：97 -118.

[39] 何小钢，王自力. 能源偏向型技术进步与绿色增长转型——基于中国 33 个行业的实证考察 [J]. 中国工业经济，2015 (2)：50 -62.

[40] [美] 赫伯特·西蒙. 现代决策理论的基石：有限理性说 [M]. 杨砾，徐立译. 北京：北京经济学院出版社，1989：6.

[41] 赫永达，刘智超，孙巍. 资本替代能源的节能减排效应研究 [J]. 产业经济研究，2017 (1)：114 -126.

[42] 胡鞍钢，郑京海，高宇宁等. 考虑环境因素的省级技术效率排名 (1999 -2005) [J]. 经济学 (季刊)，2008 (3)：933 -960.

[43] 郇庆治. 摒弃气候变化应对的"阴谋论"2014：生态主义走向"中国时刻" [J]. 人民论坛，2015：42 -45.

[44] 黄向岚，张训常，刘晔. 我国碳交易政策实现环境红利了吗？[J]. 经济评论，2018 (10)：86 -99.

[45] 姜长青. 新中国财政体制 70 年变迁研究 [J]. 理论学刊，2019 (5)：72 -80.

[46] 蒋德鹏，盛昭瀚. 演化经济学动态与综述 [J]. 经济学动态，2000 (7)：61-65.

[47] 蒋殿春，张宇. 经济转型与外商直接投资技术溢出效应 [J]. 经济研究，2008 (7)：26-38.

[48] 康晓. 气候变化全球治理的制度竞争——基于欧盟、美国、中国的比较 [J]. 国际展望，2018，10 (2)：91-111.

[49] [美] 科斯 R，阿尔钦 A，诺思 D 等. 财产权利与制度变迁 [M]. 上海：上海人民出版社，1994：327-355.

[50] [美] 蕾切尔·卡逊. 寂静的春天 [M]. 韩正，译. 北京：人民出版社，2020.

[51] 李宏贵，蒋艳芬. 多重制度逻辑的微观实践研究 [J]. 财贸研究，2017 (2)：80-89.

[52] 李力. 低碳技术创新的国际比较和趋势分析 [J]. 生态经济，2020 (3)：13-17.

[53] 李梦奇. 混合所有制改革应避免"五重误区" [N]. 学习时报，2020-5-20 (3).

[54] 李平. 社会-技术范式视角下的低碳转型 [J]. 科学学研究，2018 (6)：1000-1007.

[55] 李涛. 资源约束下中国碳减排与经济增长的双赢绩效研究——基于非径向 DEA 方法 RAM 模型的测度 [J]. 经济学 (季刊)，2013，12 (2)：667-692.

[56] 李威. 从《京都议定书》到《巴黎协定》：气候国际法的改革与发展 [J]. 上海对外经贸大学学报，2016 (5)：62-73.

[57] 李武军，黄炳南. 中国低碳经济政策链范式研究 [J]. 中国人口·资源与环境，2010 (10)：19-22.

[58] 李小胜，宋马林. "十二五"时期中国碳排放额度分配评估——基于效率视角的比较分析 [J]. 中国工业经济，2015 (9)：99-113.

[59] 李晓辉. 发展方式转变、能源体制改革与能源法的转型 [J]. 经济法研究，2013 (12)：229-256.

[60] 李雅琦，宋旭锋，高清霞. 我国碳排放交易市场发展现存问题及建设建议 [J]. 环境与可持续发展，2018 (3)：95-97.

[61] [美] 理查德·R. 纳尔逊，悉尼·G. 温特. 经济变迁的演化理论 [M]. 胡世凯，译. 北京：商务印书馆，1997：281-289.

［62］［美］理查德·斯科特. 制度与组织——思想观念与物质利益［M］. 姚伟，王黎芳，译. 北京：中国人民大学出版社，2011：1，7，129 – 154，204.

［63］林伯强. 碳关税的合理性何在？［J］. 经济研究，2012（11）：18 – 127.

［64］林伯强. 中国能源需求的经济计量分析［J］. 统计研究，2001（10）：34 – 39.

［65］林岗，刘元春. 制度整体主义与制度个体主义——马克思与新制度经济学的制度分析方法比较［J］. 人民大学学报，2001（1）：51 – 60.

［66］林毅夫，蔡昉，李周. 中国的奇迹：发展战略与经济改革［M］. 上海：上海三联书店，1994：20 – 60.

［67］林毅夫，任若恩. 东亚经济增长模式相关争论的再探讨［J］. 经济研究，2007（8）：4 – 12.

［68］林毅夫. 再论制度、技术和中国农业增长［M］. 北京：北京大学出版社，2000：1，15 – 18.

［69］刘和旺. 诺斯的制度与经济绩效理论研究——兼与马克思制度分析之比较［M］. 北京：中国经济出版社，2010：202.

［70］刘慧慧，雷钦礼. 要素替代弹性的测算［J］. 统计研究，2016（2）：18 – 25.

［71］刘伟. 中国特色社会主义基本经济制度是中国共产党领导中国人民的伟大创造［J］. 中国人民大学学报，2020（1）：20 – 26.

［72］刘小鲁. 知识产权保护、自主研发比重与后发国家的技术进步［J］. 管理世界，2011（10）：10 – 19，187.

［73］刘元春，陈金至. 土地制度、融资模式与中国特色工业化［J］. 中国工业经济，2020（3）：5 – 23.

［74］柳新元. 制度安排的实施机制与制度安排的绩效［J］. 经济评论，2002（4）：48 – 50.

［75］卢现祥，张翼. 论我国二氧化碳减排治理模式的转型［J］. 经济纵横，2011（8）：70 – 73.

［76］卢现祥，朱巧玲. 论发展中国家的制度移植及其绩效问题［J］. 福建论坛·人文社会科学版，2004（4）：18 – 22.

［77］卢现祥. 新制度经济学（第2版）［M］. 武汉：武汉大学出版社，2011：150，169 – 172，174.

［78］罗良文，梁圣蓉. 国际研发资本技术溢出对中国绿色创新效率的空

间效应 [J]. 经济管理, 2017 (3): 21 - 33.

[79] [美] 罗纳德·哈里·科斯. 企业、市场与法律 [M]. 盛洪, 陈郁, 译. 上海: 格致出版社、上海三联书店、上海人民出版社, 2009: 34 - 57.

[80] 罗小芳, 卢现祥. 论创新与制度的适应性效率 [J]. 宏观经济研究, 2016 (10): 176 - 181.

[81] 孟庆瑜, 陈佳. 论我国自然资源法制及其立法完善 [J]. 河北大学学报: 哲学社会科学版, 1998 (2): 119 - 125.

[82] 牛桂敏. 发展低碳经济的制度创新思路 [J]. 理论学刊, 2011 (3): 65 - 68.

[83] 欧阳景根, 李社增. 社会转型时期的制度设计理论与原则 [J]. 浙江社会科学, 2007 (1): 78 - 82.

[84] 潘家华, 张莹. 中国应对气候变化的战略进程与角色转型: 从防范 "黑天鹅" 灾害到迎战 "灰犀牛" 风险 [J]. 中国人口·资源与环境, 2018, 28 (10): 1 - 8.

[85] 庞瑞芝, 杨慧. 中国省际全要素生产率差异及经济增长模式的经验分析——对 30 个省 (市、自治区) 的实证考察 [J]. 经济评论, 2008 (6): 16 - 22.

[86] 戚凯. 美国气候政策变化分析——基于政党竞争的视角 [J]. 美国问题研究, 2012 (1): 137 - 154.

[87] 曲如晓, 吴洁. 碳排放权交易的环境效应及对策研究 [J]. 北京师范大学学报 (社会科学版), 2009 (6): 127 - 134.

[88] 饶旭鹏, 刘海霞. 非正式制度与制度绩效——基于 "地方性知识" 的视角 [J]. 西南大学学报 (社会科学版), 2012, 38 (3): 139 - 144, 176.

[89] 任剑涛. 以党建国: 政党国家的兴起、兴盛与走势 [J]. 江苏行政学院学报, 2014 (3): 73 - 86.

[90] 单豪杰. 中国资本存量 K 的再估算: 1952 ~ 2006 年 [J]. 数量经济技术经济研究, 2008 (10): 17 - 31.

[91] 沈坤荣, 金刚. 中国经济增长 40 年的动力——地方政府行为的视角 [J]. 经济与管理研究, 2018 (12): 3 - 13.

[92] 沈满洪. "绿色发展" 及相关概念辨析 [N]. 文汇报, 2017 - 6 - 9 (15).

[93] 史丹. 我国能源供需矛盾转化分析 [J]. 管理世界, 1999 (6): 109 - 116.

［94］［冰］思拉恩·埃格特森．经济行为与制度［M］．吴经邦等，译．北京：商务印书馆，2004：36.

［95］孙静娟．关于环境经济投入产出核算理论与方法的改进［J］．数量经济技术经济研究，2005（4）：44－50.

［96］唐葆君，马也．"十三五"北京市新能源汽车节能减排潜力［J］．北京理工大学学报（社会科学版），2016，18（2）：13－17.

［97］田丹宇．我国碳排放权的法律属性及制度检视［J］．中国政法大学学报，2018（3）：75－88，207.

［98］田建国，王玉海．财政分权、地方政府竞争和碳排放空间溢出效应分析［J］．中国人口·资源与环境，2018，28（10）：36－44.

［99］涂正革，肖耿．中国的工业生产力革命——用随机前沿生产模型对中国大中型工业企业全要素生产率增长的分解及分析［J］．经济研究，2005（3）：4－15.

［100］涂正革．中国的碳减排路径与战略选择——基于八大行业部门碳排放量的指数分解分析［J］．中国社会科学，2012（3）：78－94，206－207.

［101］汪克亮，杨力，杨宝臣等．考虑技术进步偏向性的全要素生产率分解及其演变——来自1992～2009年中国省际面板数据的经验依据［J］．软科学，2014，28（3）：12－15.

［102］王班班，齐绍洲．中国工业技术进步的偏向是否节约能源［J］．中国人口·资源与环境，2015（7）：24－31.

［103］王传军．澳大利亚与《巴黎协定》若即若离［N］．光明日报，2018－12－14（16）.

［104］王凤，刘娜．城市居民低碳通勤行为的"知行不一"［J］．环境经济研究，2019（4）：132－147.

［105］王军．低碳经济：发展中国家的现实选择［J］．学术月刊，2010（12）：60－67.

［106］王科，刘永艳．2020年中国碳市场回顾与展望［J］．北京理工大学学报（社会科学版），2020（3）：10－19.

［107］王清杨，李勇．技术进步和要素增长对经济增长的作用——兼评索洛的"余值法"［J］．中国社会科学，1992（2）：85－96.

［108］王文举，陈真玲．中国省级区域初始碳配额分配方案研究——基于责任与目标、公平与效率的视角［J］．管理世界，2019（3）：81－98.

［109］王燕，陈欢．技术进步偏向、政府税收与中国劳动收入份额［J］．

财贸研究, 2015 (1): 98 – 105.

[110] 王茳, 王应明. 基于未来效率的兼顾公平与效率的资源分配 DEA 模型研究——以各省碳排放额分配为例 [J]. 中国管理科学, 2019, 27 (5): 161 – 173.

[111] 韦森. 观念体系与社会秩序的生成、演化与变迁 [J]. 学术界, 2019 (5): 69 – 85.

[112] 魏崇辉. 意识形态理论的契合、互补与超越——马克思主义与新制度经济学 [J]. 理论与改革, 2011 (3): 14 – 19.

[113] 魏姝. 干部制组织还是科层制组织?——一个基于身份理论的 "原教旨" 分析 [J]. 南京社会科学, 2018 (1): 69 – 76, 118.

[114] 温铁军等. 八次危机: 中国的真实经验 1949 – 2009 [M]. 北京: 东方出版社, 2013: 118 – 126.

[115] 吴宣恭. 产权理论比较 [M]. 北京: 经济科学出版社, 2000: 280.

[116] 向珏, 宋雁. 中国能源工业的市场化转身 [N]. 中国能源报, 2009 – 6 – 22 (24).

[117] 肖国兴. 能源发展转型与《能源法》的制度抉择——纪念《法学》复刊周年·名家论坛八 [J]. 法学, 2011 (12): 3 – 14.

[118] 许光清, 董小琦. 企业气候变化意识及应对措施调查研究 [J]. 气候变化研究进展, 2018, 14 (4): 429 – 436.

[119] [英] 亚当·斯密. 国富论 [M]. 谢宗霖, 李华夏, 译. 北京: 中央编译出版社, 2010: 229.

[120] 岩佐茂. 环境的思想——环境保护与马克思主义结合处 [M]. 韩立新, 张桂权, 刘荣华等, 译. 北京: 中央编译出版社, 2006: 21 – 22, 31, 41 – 42, 111 – 112, 126.

[121] 杨莉莎, 朱俊鹏, 贾智杰. 中国碳减排实现的影响因素和当前挑战——基于技术进步的视角 [J]. 经济研究, 2019 (11): 118 – 132.

[122] 杨瑞龙. 四十年我国市场化进程的经济学分析——兼论中国模式与中国经济学的构建 [J]. 经济理论与经济管理, 2018 (11): 38 – 45.

[123] 杨瑞龙. 我国制度变迁方式转换的三阶段论——兼论地方政府的制度创新行为 [J]. 经济研究, 1998 (1): 5 – 12.

[124] 杨振兵, 邵帅, 杨莉莉. 中国绿色工业变革的最优路径选择——基于技术进步要素偏向视 [J]. 上海经济研究, 2013 (10): 13 – 21.

[125] 于渤. 八十年代我国生活用能源消费分析及前景展望 [J]. 能源

技术，1993（8）：10 - 12.

　　［126］俞可平．让国家回归社会——马克思主义关于国家与社会的观点
［J］．理论视野，2013（9）：9 - 11.

　　［127］［美］约翰·贝拉米·福斯特．生态革命——与地球和平相处
［M］．刘仁胜，李晶，董慧，译．北京：人民出版社，2015：142 - 146.

　　［128］［美］约翰·贝拉米·福斯特．生态危机与资本主义［M］．耿建
新，译．上海译文出版社，2006：7.

　　［129］［英］约翰·穆勒．政治经济学原理及其在社会哲学上的若干应用
（下）［M］．胡启林，朱泱，译．北京，商务印书馆，1991：568.

　　［130］张丙宣．我国地方政府行为逻辑研究述评［J］．浙江工商大学学
报，2016（7）：71 - 81.

　　［131］张华，丰超，刘贯春．中国式环境联邦主义：环境分权对碳排放
的影响研究［J］．财经研究，2017（9）：33 - 49.

　　［132］张军．中国的工业改革与效率变化——方法、数据、文献和现有
的结果［J］．经济学（季刊），2003（1）：1 - 37.

　　［133］张丽，盖国凤．人力资本、金融发展能否打破“资源诅咒”？——
基于中国煤炭城市面板数据的研究［J］．当代经济研究，2020（4）：58 - 67.

　　［134］张明军，易承志．制度绩效：提升中国特色社会主义制度自信的
核心要素［J］．当代世界与社会主义，2013（12）：79 - 86.

　　［135］张涛，任保平．不确定条件下价格型和数量型减排政策工具的比
较分析［J］．中国软科学，2019（2）：36 - 48.

　　［136］张同斌，周县华，刘巧红．碳减排方案优化及其在产业升级中的
效应研究［J］．中国环境科学，2018，38（7）：2758 - 2767.

　　［137］张勇，古明明．再谈中国技术进步的特殊性——中国体现式技术
进步的重估［J］．数量经济技术经济研究，2013（8）：3 - 19.

　　［138］赵伟，马瑞永，何元庆．全要素生产率变动的分解——基于
Malmquist 生产力指数的实证分析［J］．统计研究，2005（7）：3 - 42.

　　［139］郑春芳．我国碳减排制度选择国际贸易的视角［J］．经济问题，
2013（7）：35 - 39.

　　［140］郑猛，杨先明．有偏技术进步下的要素替代与经济增长——基于
省级面板数据的实证分析［J］．山西财经大学学报，2015，37（7）：1 - 10.

　　［141］周冰．适应性效率：诺思的缺失及其再认识［J］．制度经济学研
究，2013（3）：204 - 225.

［142］周黎安. 晋升博弈中政府官员的激励与合作——兼论我国地方保护主义和重复建设问题长期存在的原因［J］. 经济研究，2004（6）：33 - 40.

［143］周雄勇，许志端，郗永勤. 中国节能减排系统动力学模型及政策优化仿真［J］. 系统工程理论与实践，2018（6）：1422 - 1444.

［144］周雪光，艾云. 多重逻辑下的制度变迁：一个分析框架［J］. 中国社会科学，2010（4）：132 - 150.

［145］周业安. 中国制度变迁的演进论解释［J］. 经济研究，2000（5）：3 - 11，79.

［146］Abramovitz M. Resources and output trends in the United States since 1870［J］. The American Economic Review, 1956, 46（2）：5 - 23.

［147］Acemoglu D, Aghion P, Bursztyn, Leonardo et al. The environment and directed technical change［J］. American Economic Review, 2012, 102（1）：131 - 166.

［148］Acemoglu D, Akcigit U, Hanley D et al. Transition to clean technology［J］. Harvard Business School Working Papers, 2015, 124（1）.

［149］Acemoglu D, Zilibotti F. Productivity differences［J］. The Quarterly Journal of Economics, 2001, 116（2）：563 - 606.

［150］Acemoglu D. Directed technical change［J］. Review of Economic Studies, 2002, 69（4）：781 - 809.

［151］Acemoglu D. Equilibrium bias of technology［J］. Econometrics, 2007, 75（5）：1371 - 1409.

［152］Acemoglu D. Labor and capital augmenting technical change［J］. Journal of the European Economic Association, 2003, 1（1）：1 - 37.

［153］Aigner D J, Chu S F. On estimating the industry production function［J］. American Economic Review, 1968（58）：826 - 839.

［154］Aigner D J, Lovell C A K, Schmidt P. Formulation and estimation of stochastic frontier production function［J］. Journal of Econometrics, 1977, 6（1）：21 - 37.

［155］Aldy J E, Barrett S, Stavins R N. Thirteen plus one：A comparison of global climate policy architectures［J］. Climate Policy, 2003, 3（4）：373 - 397.

［156］Ang B W. Is the energy intensity a less useful indicator than the carbon factor in the study of climate change?［J］. Energy Policy, 1999（27）：943 - 946.

［157］Arrow K J. The economic implications of learning by doing［J］. The

Review of Economic Studies, 1962 (29): 155 – 173.

[158] Battese G E, Rao D S P. Technology gap, efficiency, and a stochastic metafrontier function [J]. International Journal of Business and Economics, 2002 (1): 87 – 93.

[159] Berndt E R, Wood D O. Technology, prices, and the derived demand for energy [J]. Review of economics and statistics, 1975, 57 (3): 259 – 268.

[160] Brumbrach. Performance management [M]. London: The Cronwell Press, 1988: 15.

[161] Caves D W, Christensen L R, Diewert W E. The economic theory of index numbers and the measurement of input-output, and productivity [J]. Econometrica, 1982 (50): 1393 – 1414.

[162] Chandler William U. Assessing carbon emission control strategies: the case of China [J]. Climatic Change, 1988 (13): 241 – 265.

[163] Charnes A, Cooper W W, Rhodes E. Measuring the efficiency of decision making units [J]. European Journal of Operational Research, 1978, 2 (6): 429 – 444.

[164] Chen K H, Yang H Y. A cross-country comparison of productivity growth using the generalised metafrontier malmquist productivity index: With application to banking industries in Taiwan and China [J]. Journal of Productivity Analysis, 2011, 35 (3): 197 – 212.

[165] Chiu C R, Liou J L, Wu P I et al. Decomposition of the environmental inefficiency of the meta-frontier with undesirable output [J]. Energy Economics, 2012, 34 (5): 1392 – 1399.

[166] Christensen L R, Jorgenson D W, Lau L J. Conjugate duality and the transcendental logarithmic production function [J]. Econometrica, 1971 (39): 255 – 256.

[167] Chung Y H, Färe R, Grosskopf S. Productivity and undesirable outputs: A directional distance function approach [J]. Journal of Environmental Management, 1997 (51): 229 – 240.

[168] Cline W R. The economics of global warming [M]. Washington D. C.: Institute for International Economics, 1992.

[169] Davis L E, North D C. Institutional change and economic growth (Chapter 1) [M]. New York: Cambridge University Press, 1971.

[170] Diamond M. A critical evaluation of the ontogeny of Human Sexual Behavior [J]. The Quarterly Review of Biology, 1965, 40 (2): 147.

[171] Dietz T, Rosa E A. Rethinking the environmental impacts of population, affluence and technology [J]. Human Ecology Review, 1994, 1 (2): 277 - 300.

[172] DiMaggio P J, Powell W W. The iron cage revisited: Institutional isomorphism and collective rationality in organizational fields [J]. American Sociological Review, 1983, 48 (2): 147 - 160.

[173] Dong-hyun Oh. A metafrontier approach for measuring an environmentally sensitive productivity growth index [J]. Energy Economics, 2010 (32): 146 - 157.

[174] Drandakis E, Edmund P. A model of induced invention, growth and distribution [J]. Economic Journal, 1965, 76 (304): 823 - 840.

[175] Dunn M B, Jones C. Institutional logics and institutional pluralism: The contestation of care and science logics in medical education, 1967 ~ 2005 [J]. Administrative Science Quarterly, 2010, 55 (1): 114 - 149.

[176] Färe R, Grosskopf S, Lovell C A K et al. Multilateral productivity pomparisons when some outputs are undesirable: A nonparametric approach [J]. The Review of Economics and Statistics, 1989 (71): 90 - 98.

[177] Färe R, Grosskopf S, Lovell C A K. Production frontiers [M]. New York: Cambridge University Press, 1994.

[178] Färe R, Grosskopf S, Norris M et al. Productivity growth, technical progress and efficiency change in industrialized countries [J]. American Economic Review, 1994 (84): 66 - 83.

[179] Färe R, Grosskopf S, Pasurka C. Effects on relative efficiency in electric power generation due to environmental controls [J]. Resources and Energy, 1986 (8): 167 - 184.

[180] Färrell M J. The measurement productive efficiency [J]. Journal of the Royal Statistical Society, Series A (General), 1957, 120 (3): 253 - 290.

[181] Fligstein, Neil. The architecture of markets: An economic sociology of twenty-first century capitalist societies [M]. Princeton, NJ: Princeton University Press, 2001: 170.

[182] Foster J B. Marx's theory of metabolic rift: Classical foundations for en-

vironmental sociology [J]. American Journal of Sociology. 1999 (9): 366 – 405.

[183] Goodrick E, Reay T. Constellations of institutional logics: Change in the professional work of pharmacists [J]. Work and Occupation, 2011, 38 (3): 372 – 416.

[184] Grandville O D L. In quest of the slutsky diamond [J]. American Economic Review, 1989, 79 (3): 468 – 481.

[185] Granovetter M. Economic action and social structure: The problem of embeddedness [J]. American Journal of Sociology, 1985, 91 (3): 481 – 510.

[186] Greening L A, Greene D L, Difiglio C. Energy efficiency and consumption the rebound effect a survey [J]. Energy Policy, 2000, 28 (6 – 7): 389 – 401.

[187] Grossman G M, Helpman E. Innovation and growth in the global economy [M]. Cambridge, MA, MIT Press, 1991.

[188] Hicks J R S. The theory of wages [M]. London: Macmillan, 1932: 132.

[189] Huang R J, Zhang Y, Bozzetti C et al. High secondary aerosol contribution to particulate pollution during haze events in China [J]. Nature, 2014, 514 (7521): 218 – 222.

[190] Jepperson R L. Institutions, institutional effects, and institutionalism [M]. Chicago, IL: University of Chicago Press. 1991: 143 – 163.

[191] Jones N, Sophoulis C M, Iosifides T et al. The influence of social capital on environmental policy instruments [J]. Environmental Politics, 2009, 18 (4): 595 – 611.

[192] José Goldemberg et al. Energy for development [J]. Energy Policy, 1987, 16 (3): 327.

[193] Karlsson R. Carbon lock-in, rebound effects and China at the limits of statism [J]. Energy Policy, 2012, 51 (6): 939 – 945.

[194] Kats G H. Slowing global warming and sustaining development: The promise of energy efficiency [J]. Energy Policy, 1990 (18): 25 – 33.

[195] Keepin B, Kats G. The efficiency-renewable synergism [J]. Energy Policy, 1989 (17): 614 – 616.

[196] Kennedy C. Induced bias in innovation and the theory of distribution [J]. Economic Journal, 1964, 74 (295): 541 – 547.

[197] Khanna N. Analyzing the economic cost of the Kyoto Protocol [J]. Ec-

ological Economics, 2001 (38): 59 – 69.

[198] Knudsen C. Theories of the firm, strategic management, and leadership [J]. In resource-based and evolutionary theories of the firm: Toward a synthesis edited by Cynthia A. Montgomery Boston Kluwer, 1995: 203.

[199] Kornai J. The affinity between ownership forms and coordination mechanisms: The common experience of reform in socialist countries [J]. Journal of Economic Perspectives, 1990, 4 (3): 131 – 147.

[200] Kumar S. Environmentally sensitive productivity growth: A global analysis using malmquist luenberger index [J]. Ecological Economics, 2006, 56 (2): 280 – 293.

[201] Kumbhakar S C. Estimation and decomposition of productivity change when production is not efficient: A panel data approach [J]. Econometric Review, 2000 (19): 425 – 460.

[202] Landry P F, Lü X B, Duan H Y. Does performance matter? Evaluating political selection along the Chinese administrative ladder [J]. Comparative Political Studies, 2018, 51 (8): 1074 – 1105.

[203] Lounsbury M. A tale of two cities: Competing logics and practice variation in the professionalizing of mutual funds [J]. Academy of Management Journal, 2007, 50 (2): 289 – 307.

[204] Lounsbury M. Institutional rationality and practice variation: New directions in the institutional analysis of practice [J]. Accounting, Organizations and Society, 2008 (33): 349 – 361.

[205] Lovell C A K. Production frontiers and productive efficiency [M] // Fried H O, Lovell C A K, Schmidt S S. The Measurement of Productive Efficiency. New York: Oxford University Press, 1993: 3 – 67.

[206] Malmquist S. Index numbers and indifference surfaces [J]. Trabajos de Estatistica, 1953, (4): 209 – 242.

[207] Manne A S, Schrattenholzer L. The international energy workshop: A progress report [R]. 1989: 415 – 428.

[208] Marquis C, Lounsbury M. Vive la resistance: Competing logics and the consolidation of US community banking [J]. Academy of Management Journal, 2007, 50 (4): 799 – 820.

[209] Meeusen W, Julien V D B. Efficiency estimation from Cobb-Douglas

production functions with composed error [J]. International Economic Review, 1977, 18 (2): 435 – 444.

[210] Meyer J W, Rowan B. Institutionalized organizations: Formal structure as myth and ceremony [J]. American Journal of Sociology, 1977, 83 (2): 352.

[211] Mielnik O, Goldemberg J. Communication The evolution of the "carbonization index" in developing countries [J]. Energy Policy, 1999, 27 (5): 307 – 308.

[212] Mika Kortelainen. Dynamic environmental performance analysis: A malmquist index approach [J], Ecological Economics, 2008, 64 (4) 701 – 715.

[213] Milliman S R, Prince R. Firm incentives to promote technological change in pollution control [J]. Journal of Environmental Economics and Management, 1989, 17 (3): 247 – 265.

[214] Nordhaus W D. Some skeptical thoughts on the theory of induced innovation [J]. Quarterly Journal of Economics, 1973, 87 (2): 208 – 219.

[215] Nordhaus W D. The global commons I: Costs and climatic effects, how fast should we graze the global commons [J]. The American Economic Review: Papers & Proceedings, 1982, 72 (2): 242 – 246.

[216] North D C. Economic performance through time [J]. American Econonmic Review, 1994, 84 (3): 359 – 368.

[217] O'Donnell C J, Raod S P, Battese G E. Metafrontier frameworks for the study of firm-level efficiencies and technology ratios [J]. Empirical Economics, 2008 (34): 231 – 255.

[218] Pittman R W. Multilateral productivity comparisons with undesirable outputs [J]. Economic Journal, Royal Economic Society, 1983 (93): 883 – 891.

[219] Ramanathan R. Combining indicators of energy consumption and CO_2 Emissions: Across-country comparison [J]. International Journal of Global Energy Issues, 2002, 17 (3): 214 – 227.

[220] Romer P M. Endogenous technological change [J]. Journal of Political Economy, 1990, 98 (5): 71 – 102.

[221] Romer P M. Increasing returns and long-run growth [J]. Journal of Political Economy, 1986, 94 (5): 1002 – 1037.

[222] Samuelson P. A theory of induced innovations along Kennedy-Weisacker Lines [J]. Review of Economics and Statistics, 1965, 47 (4): 444 – 464.

[223] Solow R M. Technical change and the aggregate production function [J]. Review of Economics and Statistics, 1957, 39 (3): 554 – 562.

[224] Stern N S. Review on the economics of climate change [R]. Cambridge, United Kingdom: Cambridge University Press, 2007.

[225] Steven Krasner. Approaches to the state: Alternative conceptions and historical dynamics [J]. Comparative Politics, 1984, 16 (2): 223 – 246.

[226] Stiglitz Joseph. Advancing public goods [A]. The Cournot Centre for Economic Studies Series [Z]. Northampton, MA: Edward Elgar, 2006: 166.

[227] Sun J W. The decrease of CO_2 emission intensity is de carbonization at national and global levels [J]. Energy Policy, 2005 (33): 975 – 978.

[228] Thiam A, Bravo-Ureta B E, Rivas T E. Technical efficiency in developing country agriculture: A meta-analysis [J]. Agricultural Economics, 2001, 25 (2 – 3): 235 – 243.

[229] Thornton P, Ocasio W, Lounsbury M. The institutional logics perspective: A new approach to culture [M]. New York: Oxford University Press, 2012.

[230] Tinbergen J. Zur theorie der langfristigen wirtschaftsentwicklung [J]. Weltwirtschaftliches Archiv, 1942 (1): 511 – 549.

[231] Tolbert P S, Zucker L G. The institutionalization of institutional theory [M] // Clegg S, Hardy C, Nord W et al. Handbook of organization studies. London: SAGE, 1996: 175 – 190.

[232] Tulkens H, Eeckaut P V. Non-parametric efficiency, progress and regress measures for panel data: methodological aspects [J]. European Journal of Operational Research, 1995 (80): 474 – 499.

[233] Unruh G C, Carrillo-Hermosilla J. Globalizing carbon lock-in [J]. Energy Policy, 2006, 34 (10): 1185 – 1197.

[234] Unruh G C. Escaping carbon lock-in [J]. Energy Policy, 2002, 30 (3): 317 – 325.

[235] Unruh G C. Understanding carbon lock-in [J]. Energy Policy, 2000, 28 (12): 817 – 830.

[236] Williamson O E. The new institutional economics: Taking stock, looking ahead [J]. Journal of Economic Literature, 2000 (11): 595 – 613.

[237] Zaim O, Taskin F. A Kuznets Curve in environmental efficiency: An application on OECD countries [J]. Environmental and Resource Economics, 2000

(17): 21 – 36.

[238] Zhang Z X. Can China afford to commit itself an emissions cap? An economic and political analysis [J]. Energy Economics, 2000 (22): 587 – 614.

[239] Zhang Z X. Decoupling China's carbon emissions increase from economic growth: An economic analysis and policy implications [J]. World Development, 2000b (28): 739 – 752.

[240] Zhou P, Ang B W, Han J Y. Total factor carbon emission performance: A malmquist index analysis [J]. Energy Economics, 2010, 32 (1): 194 – 201.

[241] Zhou X, Lian H, Ortolano L et al. A behavioral model of "muddling through" in the Chinese bureaucracy: The case of environmental protection [J]. The China Journal, 2013 (70): 120 – 147.

[242] Zofio J L, Prieto A M. Environmental efficiency and regulatory standards: The case of CO_2 emissions from OECD industries [J]. Resource and Energy Economics, 2001 (23): 63 – 83.